写给孩子的编程书

玩转SCRATCH 2

好玩的积木搭建

李雁翎 匡 松 / 主编

尚建新 王 伟 / 编著

获取名师视频课　　获取本书配套素材包

方法1　　　　方法2

扫一扫
即可收看

扫码关注公众号
回复"bcs2"

扫码加小助手微信
直接索取

国家开放大学出版社出版　国开童媒（北京）文化传播有限公司出品

北 京

陈国良院士序

在中国改革开放初期，人们渴望掌握计算机技术的时候，是邓小平最早提出："计算机的普及要从娃娃做起。"几十年过去了，我们把这句高瞻远瞩的话落实到了孩子们身上，他们的与时俱进，有目共睹。

时至今日，我们不但进入了信息社会，而且正在迈入一个高水平的信息社会。AI（人工智能）以及能满足智能制造、自动驾驶、智慧城市、智慧家居、智慧学习等高质量生活方式的 5G（第五代移动通信技术），正在向大家走来。在我看来，这个新时代，也正是从娃娃们开始就要学习和掌握计算机技术的时代，是我们将邓小平的科学预言继续付诸行动并加以实现的时代。

我们的后代，一定会在高科技环境中成长。因此，一定要从少儿时期抓起，从中小学教育抓起，让孩子们接受良好的、基本的计算思维训练和基本的程序设计训练，以培养他们适应未来生活的综合能力。

让少年儿童更早接触"编写程序"，通过程序设计的学习，建立起计算思维习惯和信息化生存能力，将对他们的人生产生深远意义。

2017 年 7 月，国务院印发的《新一代人工智能发展规划》提出"鼓励社会力量参与寓教于乐的编程教学软件、游戏的开发和推广"。2018 年 1 月，教育部"新课标"改革，正式将人工智能、物联网、大数据处理等列为"新课标"。

为助力更多的孩子实现编程梦，推动编程教育，李雁翎、匡松两位教授联合多位青年博士编写了这套《写给孩子的编程书》。这套书立意新颖、结构清晰，具有适合少儿编程训练的特色。"讲故事学编程、去观察学编程、解问题学编程"，针对性强、寓教于乐，是孩子们进入"编程世界"的好向导。

我愿意把这套《写给孩子的编程书》推荐给大家。

陈国良

2019 年 12 月

主编的开篇语

小朋友，打开书，让我们一起学"编程"吧！编程世界是一个你自己与计算机独立交互的"时空"。在这里，用智慧让计算机听你的"指挥"，去做你想让它做的"事情"吧！

在日常的学习和工作中，我们可少不了计算机的陪伴：你一定感受过"数字化校园"、VR 课堂带来的精彩和奇妙；你的爸爸妈妈也一定享受过智能办公软件带来的快捷与便利；科学家们在航天工程、探月工程和深海潜水工程的科学研究中，都是在计算机的支持下才有了一个一个的发现和突破……我们的衣食住行也到处都有计算机的身影："微信"可以传递消息；出行时可以用"滴滴"打车；购物时会用到"淘宝"；小聚或吃大餐都会看看"大众点评"……计算机是我们的"朋友"，计算机科学是我们身边的科学。

计算机能做这么多大大小小的事情，都是由"程序"控制并自动完成的。打开这套书，我们将带你走进"计算机世界"，一起学习"编写程序"，学会与计算机"对话"，掌握计算机解决问题的基本技能。

学编程，就是学习编写程序。"程序"是什么？

简单地说，程序就是人们为了让计算机完成某种任务，而预先安排的计算步骤。无论让计算机做什么，或简单、或复杂，都要通过程序来控制计算机去执行任务。程序是一串指示计算机操作的命令（"指令"的集合）。用专业点儿的话说，程序是"数据结构＋算法"。编写程序就是编写"计算步骤"，或者说编写"指令代码"，或者说编写"算法"。

听起来很复杂，对吗？千万不要被吓到。编程就是你当"指挥"，让计算机帮你解决问题。要解决的问题简单，要编写的程序就不难；要解决的问题复杂，我们就把复杂问题拆解为简单问题，学会化繁为简的思路和方法。

我们这套书立意"讲故事—去观察—解问题"，从易到难，带领大家一步步学习。先掌握基本的编程方法和逻辑，再好好发挥自己的创造力，你一定也能成为编程达人！

举个例子：找最大数

问题一：已知 2 个数，找最大。

程序如下：

(1) 输入 2 个已知数据。

(2) 两个数比大小，取大数。

(3) 输出最大数。

问题二：已知 5 个数，找最大。

程序如下：

(1) 输入 5 个已知数据。

(2) 先前两个数比大小，取较大数；较大数再与第三个数比大小，取较大数……以此类推，每次较大数与剩余的数比大小，取较大数。这个比大小的动作重复 4 次，便可找到最大数。

(3) 输出最大数。

问题三：已知 N 个数，找最大。

程序如下：

(1) 输入 N 个已知数据。

(2) 先前两个数比大小，取较大数；较大数再与第三个数比大小，取较大数……以此类推，每次较大数与剩余的数比大小，取较大数。这个比大小的动作重复 N-1 次，便可找到最大数。

(3) 输出最大数。

上述例子中我们可以看出，面对人工难以处理的大量数据时，只要给计算机编写程序，确定算法，计算机就可以进行计算，快速得出答案了。

如果深入学习，同一个问题我们还可以用不同的"算法"求解（上面介绍的是遍历法，还有冒泡法、二分法等）。"算法"是编者的思想，也会让小朋友在问题求解过程中了解"推理—演绎，聚类—规划"的方法。这就是"计算机"的魅力所在。

本系列图书是一套有独特创意的趣味编程教程。作者从大家熟悉的故事开始（讲故事，学编程），将故事情景在计算机中呈现，这是"从具象到抽象"的过程；再从观察客观现象出发（去观察，学编程），从客观现象中发现问题，并用计算机语言描述出来，这是"从抽象到具象再抽象"的过程；最后提出常见数学问题和典型的算法问题（解问题，学编程），在计算机中求解，这是"从抽象到抽象"的过程。通过这套书的渐进式学习，可以让小朋友走进人机对话的"世界"，从而培养和训练小朋友的"计算思维"。

本册以大家熟悉的"丑小鸭"的故事为主线，通过"故事共情—任务抽象—逻辑分析—分解创作—概括迁移"的思维引导，带领大家用编程呈现丑小鸭成长蜕变的十大情景。让小朋友在完成任务的过程中掌握计算思维，在编程中体验计算机的奇妙世界。

小朋友们，你们从这里起步，未来属于你们！

2019 年 12 月

目 录

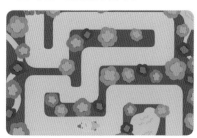

小生命诞生记

解锁新技能

🔓 角色旋转

🔓 角色造型切换

乡村的夏天景色真美啊！田野和牧场一望无边，小麦金灿灿的，燕麦绿油油的。一阵阵微风吹来，池塘里泛起一圈圈涟漪。

鸭妈妈正在池塘边孵蛋。鸭蛋一个接着一个地裂开，小鸭子们一只接着一只地从蛋壳中钻出来，嘎嘎嘎地冲鸭妈妈叫着。

只剩下最后一个很大的蛋了，它始终没有动静。也不知道过了多久，直到鸭妈妈都不得不离开一会儿，这只大蛋终于开始动了。它朝右边晃呀晃，又朝左边晃呀晃。最后，蛋壳裂开来，从里面钻出一只长着灰色绒毛的小家伙。

它比别的小鸭子个头大一圈，看起来呆呆的、丑丑的，一点儿都不起眼。

可就是这只不起眼的小鸭子，后来经历了许多有趣的事儿。如果你也想参与有趣的故事，就先通过编程的方式，让电脑中的小鸭子从蛋壳里钻出来吧！

领取任务

我们将借助 Scratch，让小鸭子从蛋壳里钻出来！

首先，我们要布置一个美丽的池塘，这是小鸭子诞生的地方，也是这个"小生命诞生记"的"舞台"。

然后，我们得邀请故事的主角"小鸭子"，不不不，它首先得是一枚蛋，让它出现在池塘边。

最后，我们要模仿左右晃动的效果，让蛋里的小鸭子钻出来！

一步一步学编程

1 做好准备工作

获得编程环境

上一册我们已经知道如何获得编程环境了。Scratch 还在你的电脑中吗？ 如果没有也别着急，让我们一起回顾如何邀请它"住"进我们的电脑。

【方法 1】
使用网页版。在浏览器输入网址 https://scratch.mit.edu/projects/editor/，进入网页后可直接编程。

【方法 2】
安装客户端。在网页 https://scratch.mit.edu/download 下载 Scratch 电脑客户端，安装在自己的电脑中。

更详细的 Scratch 安装方法可以参照附录 1，同时附录 2 还为你准备了 Scratch 的详细介绍哟。

资源下载

本册书所需要的资源都帮大家准备好了。大家可以在学习之前先下载好配套的素材包，获取本册所有编程资源。

这个游戏需要的素材包括美丽的池塘和孵化中的鸭蛋，这些素材都在本书附带的下载资源"案例 1"文件夹中。

其中，"2-1 案例素材"文件夹存放的是编写程序过程中用到的素材；"2-1 拓展素材"文件夹存放的是"挑战新任务"的参考材料；"2-1 小生命诞生记 .sb3"是工程文件。

新建项目

Scratch 是一个自由的空间，可以创作很多的游戏和故事。现在，我们要为"小生命诞生记"单独开辟一个"空间"。

如果 Scratch 编辑器刚被启动，它已经默认分配了空间，那么我们忽略该步骤即可。但如果你刚刚用 Scratch 编写了其他程序，记得要保存当前的程序，然后进行下面的操作：点击"文件"菜单，选择"新作品"命令。　▽

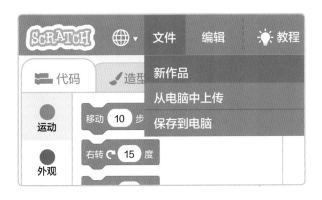

删除默认角色

屏幕右侧的舞台区有一位不请自来的客人——小猫咪。这是 Scratch 的默认角色，记得要把它删除掉。在角色区选中小猫咪，点击右上角的 🗑 按钮。　▽

现在，全部的准备工作都已经完成啦！让我们开始编写属于自己的程序吧！

添加背景与角色

首先，我们来布置背景、添加角色。故事发生在美丽的池塘边，主角是一枚大大的蛋。

添加舞台背景

Scratch 的默认背景是空白的，我们通过添加背景图片，把这里变成池塘边。

在 Scratch 界面右下方找到背景区，将鼠标指向"选择一个背景"图标，弹出包含四个按钮的菜单，点击"上传背景"按钮。▷

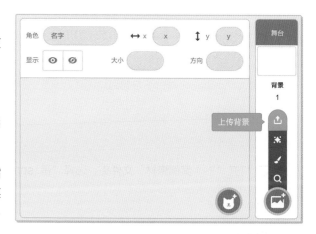

▽ 打开"2-1 案例素材"文件夹，选择"背景"图片，点击"打开"按钮。

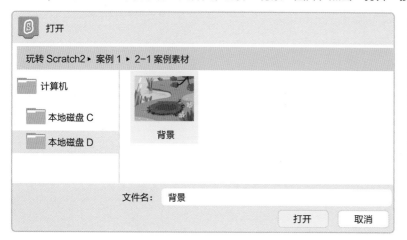

△ 看，鸭妈妈孵蛋的舞台布置好啦！

但是，点击左侧的"背景"选项卡会发现，在界面的左侧出现了两个背景，即"背景 1"和"背景"。

我们把第一个默认的空白背景删掉。选中"背景 1"，点击右上角的 🗑 按钮。▷

添加角色

美丽的池塘缺少了一些生气，原来主角"快要孵化的蛋"还没有上场呢。我们一起欢迎主角上场！

在 Scratch 界面右下方找到角色区，将鼠标指向"选择一个角色"图标，弹出包含四个按钮的菜单，点击"上传角色"按钮。▷

▽ 打开"2-1 案例素材"文件夹，选择"蛋 .sprite3"并点击"打开"按钮。

看，我们的主角登场啦！在角色区，选中主角"蛋"，将其拖放到鸭妈妈的窝里。△

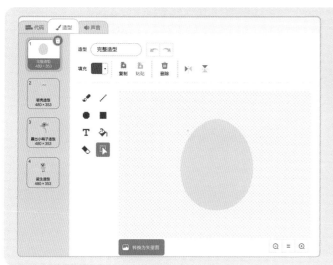

【想一想】

蛋壳里的小鸭要钻出来之前，蛋壳会发生什么样的变化呢？

点开"造型"选项卡，就会看到蛋外观的变化，它们是："完整造型""破壳造型""露出小鸭子造型"和"诞生造型"。在编程的过程中我们将练习使用"角色造型切换"这个编程秘诀，呈现出小鸭子从蛋壳中破壳而出的情节。

3 设计与实现

我们已经布置好池塘边作为舞台，也请来了主角——一枚大大的蛋。可是怎么样才能让里面的小鸭子破壳而出呢？这就需要一些逻辑思维啦！

【故事逻辑和情节分析】

按照时间顺序和鸭蛋外形变化，可以将故事情节划分为：

* 【情节1】故事开始，呈现一个完整的蛋。
* 【情节2】完整的蛋左右晃动后变成有裂痕的蛋。
* 【情节3】有裂痕的蛋左右晃动后变成露出小鸭子的蛋。
* 【情节4】露出小鸭子的蛋左右晃动，小鸭子破壳而出。

【情节1】故事开始，呈现一个完整的蛋。

点击舞台上的蛋，此时它处于完整蛋的造型。操作步骤如下：

在"事件"类积木中点击并拖动 当角色被点击 到脚本区。 ▷

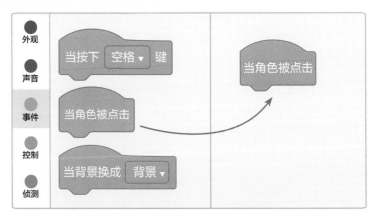

在"外观"类积木中点击并拖动 换成 完整造型▼ 造型 到脚本区，拼接到 当角色被点击 下方。 ▷

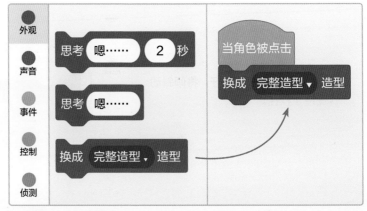

【情节 2】完整的蛋左右晃动后变成有裂痕的蛋。

【想一想】

如何体现蛋的左右晃动呢？我们让蛋左右倾斜一定的角度来表示晃动，还可以通过改变倾斜角度的数值来设计晃动幅度的大小。

（1）模仿轻微晃动的效果：向右倾斜很小的幅度，恢复直立后再向左倾斜很小的幅度，再恢复直立。

（2）模仿较大幅度晃动的效果：向右倾斜比较大的幅度，恢复直立后再向左倾斜比较大的幅度，再恢复直立。

实现向右轻微晃动的效果。

在"运动"类积木中点击并拖动 右转C 15 度 到脚本区拼接好，将 15 改为 5。 ▷

在"控制"类积木中点击并拖动 等待 1 秒 到脚本区拼接好，将倾斜动作保持 1 秒钟。 ▷

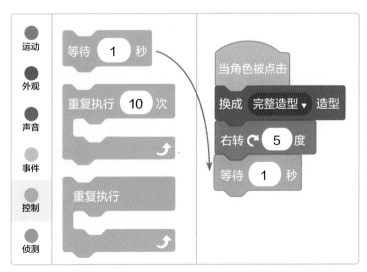

实现向左轻微晃动并恢复直立的效果。

蛋已经向右旋转了 5 度，需要向左旋转 5 度恢复直立，再继续向左旋转 5 度体现出向左晃动，也就是一共向左旋转 10 度，之后向右旋转 5 度恢复直立。

在"运动"类积木中点击并拖动 左转↻15度 到脚本区拼接好，将 15 改为 10。　▷

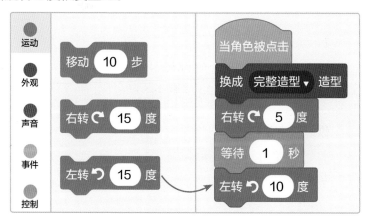

▽　在"控制"类积木中点击并拖动 等待1秒 到脚本区拼接好，将倾斜动作保持 1 秒钟。

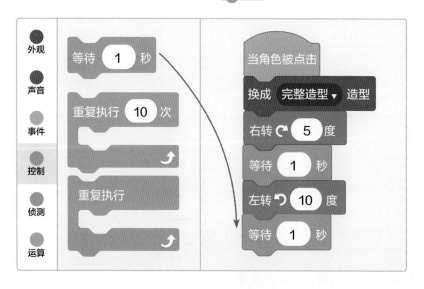

在"运动"类积木中点击并拖动 右转↻15度 到脚本区，将 15 改为 5；在"控制"类积木中点击并拖动 等待1秒 到脚本区，将直立状态保持 1 秒钟。把积木都拼接好，让蛋向左晃动后再恢复直立的效果就可以实现了。　▷

采取同样的方式实现向右、向左较大幅度晃动的效果。

在积木组合下方继续完成如下积木拼搭，完整的蛋左右晃动的效果就可以实现了。

右晃效果：

在"运动"类积木中点击并拖动 `右转 15 度` 到脚本区，接着在"控制"类积木中点击并拖动 `等待 1 秒` 到脚本区。

恢复直立并左晃：

在"运动"类积木中点击并拖动 `左转 15 度` 到脚本区，将 15 修改为 30，接着在"控制"类积木中点击并拖动 `等待 1 秒` 到脚本区。

左晃后的蛋恢复直立：

在"运动"类积木中点击并拖动 `右转 15 度` 到脚本区，接着在"控制"类积木中点击并拖动 `等待 1 秒` 到脚本区。

我们每次编写程序，都要认真做总结，把应用到的"编程秘诀"收集起来。等这本书完成的时候，你的编程技能就更上一层楼啦！

在这一步中，我们收集到了第一个"编程秘诀"——角色旋转。

【编程秘诀 1】角色旋转

角色旋转指的是角色能够向指定方向转动一定的角度。

在 Scratch 中，可以通过 `左转 15 度` 和 `右转 15 度` 实现角色旋转，其中的数值可以根据需要进行调整。如果要进行连续旋转，可以重复使用 `等待 1 秒`，通过设置等待时长，确保两次旋转间隔一定的时间。

在本次的任务中，通过连续的、不同角度的左右旋转，模拟了鸭蛋孵化过程中的晃动效果。

实现从完整蛋的造型变化为有裂痕蛋的造型。

在"外观"类积木中点击并拖动 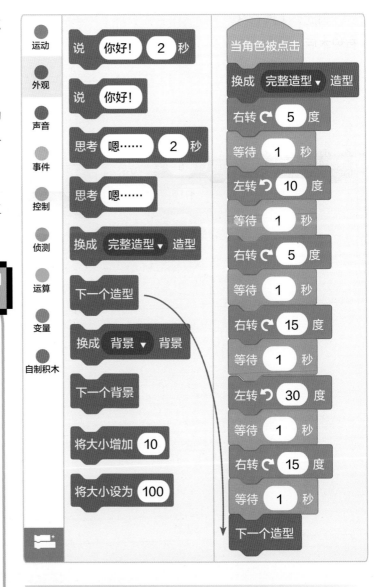到脚本区拼接好。 ▷

在这一步中,我们收集到了第二个"编程秘诀"——角色造型切换。

【编程秘诀2】角色造型切换

造型是角色的不同外观。角色既可以具有一种外观,也可以具有多种外观。如果角色只有一个造型,上传角色的时候,可以直接上传一张图片;如果角色有多个造型,可以上传包括多个造型(后缀名为sprite3)的角色,也可以上传多张图片创造一个具有多个造型的角色。

角色在有多种外观的情况下就可以进行造型切换。在Scratch中,可以通过 换成 完整造型 ▼ 造型 将角色设置为指定的造型,其中下拉列表的选项可以替换为具体造型的名称;可以通过 下一个造型 完成角色造型的依次顺序切换,即换成当前造型的下一个造型。

【情节3】有裂痕的蛋左右晃动后变成露出小鸭子的蛋。

【想一想】

【情节3】与【情节2】有哪些相同之处?

(1)【情节3】也要产生向左右轻微晃动和较大幅度晃动。

(2)【情节3】也要在晃动后实现造型切换。

因此，【情节 3】只需要复制【情节 2】中的积木并将其拼接到之前的积木后面，也就是在原有积木后面连续拼接同样一段积木。

▽　选中 换成 完整造型▼ 造型 下方的积木，将其拖到空白处，点击右键，在弹出的菜单中选择"复制"命令。

将新复制的积木组拼接到原有积木组下方。空白处的积木组先保留不动，【情节 4】中我们还会用到哟。

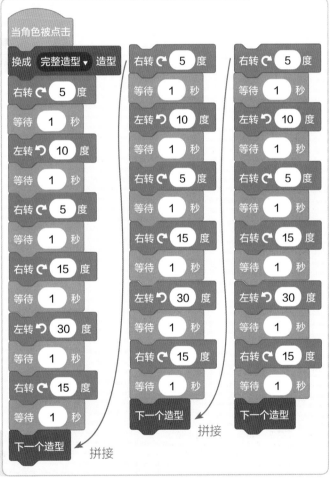

【情节 4】露出小鸭子的蛋左右晃动，小鸭子破壳而出。

【想一想】

【情节 4】与【情节 2】有哪些异同之处？

（1）【情节 4】也要产生向左右轻微晃动和较大幅度晃动。

（2）【情节 4】也要在晃动后实现造型切换。

△　因此，我们仿照【情节 3】再一次进行复制操作，并将新复制的积木组和空白处的积木组都拼接在整体积木组下方。

👑 运行与优化

1 程序运行试试看

你是不是已经迫不及待了，想要运行一下这个程序呢？

点击美丽池塘边的蛋，就可以看到蛋左晃右晃，从完整，到破裂，到露出小鸭子的头，直至小鸭子钻出蛋壳的完整过程了。

2 作品优化与调试

运行程序后，你有没有发现一些细节可以进一步修改呢？这个环节是非常必要的，经过反复修订和打磨的作品才会是精品哟。

我们刻意在蛋向右晃动后立即点击●按钮，停止程序，然后点击蛋，重新启动孵化过程。反复几次，会发现鸭蛋会越发变成"躺着"的状态。这是为什么呢？

这是因为每次重新启动程序后，鸭蛋并没有恢复到直立状态。

现在咱们就解决这个问题。

在"事件"类积木中点击并拖动  到脚本区，将点击🚩按钮作为触发事件。 ▷

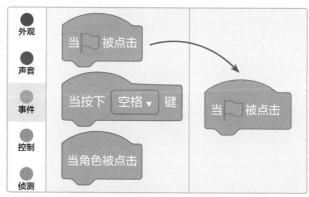

在"运动"类积木中点击并拖动 `面向 90 方向` 到脚本区，拼接到 `当🚩被点击` 下方。 ▷

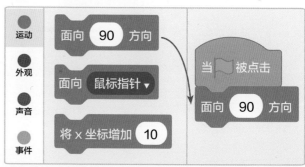

这样，无论哪种情况下停止运行，游戏重新开始后蛋都会恢复到默认的直立状态。现在，再点击蛋试试吧。啊，丑小鸭就要诞生了，快邀请你的朋友一起来观看吧！

3 让保存成为习惯

最后，千万别忘了把这个小程序保存到电脑里！一定要好好留存你的作品哟！

▽ 点击"文件"菜单，选择"保存到电脑"命令。

我们建议你，在电脑硬盘（不建议是 C 盘）中建立一个专属文件夹，用来存储你所有的程序文件。你要对文件进行命名，然后点击"保存"按钮，就能把文件保存到指定位置啦！▽

现在，我们要恭喜你，你已经顺利地完成了本次的小程序！

👑 思维导图大盘点

现在，让我们画一画思维导图，复习一下本次的编程任务是如何完成的吧。

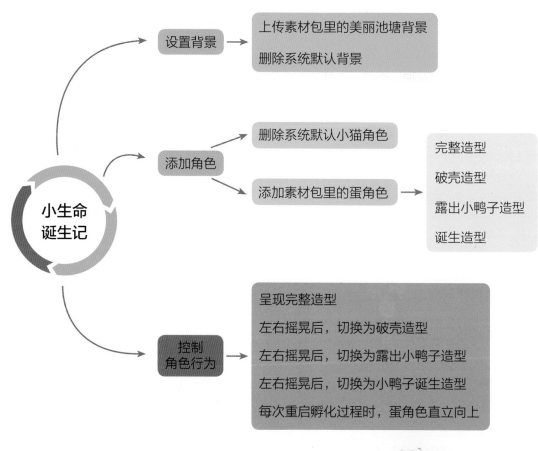

设置背景 → 上传素材包里的美丽池塘背景 / 删除系统默认背景

小生命诞生记

添加角色 → 删除系统默认小猫角色 / 添加素材包里的蛋角色 → 完整造型 / 破壳造型 / 露出小鸭子造型 / 诞生造型

控制角色行为 →
呈现完整造型
左右摇晃后，切换为破壳造型
左右摇晃后，切换为露出小鸭子造型
左右摇晃后，切换为小鸭子诞生造型
每次重启孵化过程时，蛋角色直立向上

挑战新任务

　　小朋友，让丑小鸭破壳而出的过程虽然充满挑战，但是你一定也获得了满满的成就感。让我们再接再厉，挑战刚刚学习过的编程秘诀，运用 Scratch 系统自带的素材进行编程！

　　Scratch 系统里有很多素材，我们可以自由地运用它们！

　　今天，我们的进阶任务是：实现三只螃蟹聚会的小故事，每只螃蟹被点击后都能够一边左右摇摆一边做出钳子伸缩变换。不过，怎样才能达成任务目标呢？结合前面所学的知识，想想看吧！

　　提示：在 Scratch 自带素材中找到螃蟹角色的操作步骤如下：

　　　　在 Scratch 角色区的右下角，点击"选择一个角色"图标。　▷

▽　在打开的默认角色库中，找到并点击"Crab"螃蟹角色。

　　除此之外，你还可以为故事布置适合的背景和其他舞台角色哟！

小鸭快跑

解锁新技能

🔓 重复执行
🔓 角色移动
🔓 角色滑行
🔓 角色面向

小鸭们在池塘边破壳而出了。先出生的鸭哥哥和鸭姐姐们一个个小巧可爱、颜色嫩黄。但最后出生的这只小鸭子，样子和哥哥姐姐们有点儿不一样。它个头儿大，全身长着灰色的绒毛，看起来呆呆的。哥哥姐姐们给它取了一个外号叫"丑小鸭"。

　　鸭妈妈毫无偏见地爱着丑小鸭。但其他的小鸭子，甚至是邻居家的大公鸡，都会趁鸭妈妈不在的时候来追它、咬它。丑小鸭好可怜呀！它只能不停地跑来跑去。

🏅 领取任务

在这次学习中，我们将通过 Scratch 编程魔法，帮助丑小鸭躲避大公鸡、鸭哥哥、鸭姐姐的追咬。

首先，所有小动物都跃跃欲试要参加这场追逐游戏。

然后，我们需要帮助丑小鸭快速、灵活地奔跑到安全的位置。

最后，我们要模拟其他小动物们逐一追咬丑小鸭的场景。

应用了本次的技能，你一定可以帮助丑小鸭躲避淘气包们的追咬！

🏅 一步一步学编程

1 做好准备工作

在上次任务中，我们已经知道应该怎样做准备了，现在，我们按照之前的方式再操作一次！

资源准备

这个游戏需要的素材都在下载资源"案例 2"文件夹中。

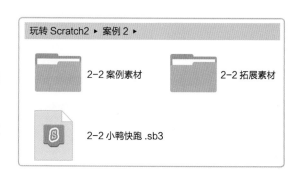

其中，"2-2 案例素材"文件夹存放的是编写程序过程中用到的素材文件；"2-2 拓展素材"文件夹存放的是"挑战新任务"的参考材料；"2-2 小鸭快跑 .sb3"是工程文件。

新建项目

我们要为"小鸭快跑"的故事单独开辟一个"空间"。如果 Scratch 编辑器刚被启动，它已经默认分配了空间，那么我们可以忽略这一步。但如果你刚刚用 Scratch 编写了其他程序，首先要保存当前程序，然后点击"文件"菜单，选择"新作品"命令。

删除默认角色

哎呀！又是这只不请自来的小猫咪！

在角色区选中小猫咪，点击右上角的 🗑 按钮，▷
删掉它。

现在，全部的准备工作都已经完成啦！让我们开始编写属于自己的程序吧！

2 添加背景与角色

首先，我们来布置背景、添加角色。我们的故事发生在美丽的池塘边，主角是丑小鸭，配角是大公鸡、鸭哥哥和鸭姐姐。

添加舞台背景

Scratch 的默认背景是空白的，我们通过添加背景图片，把这里变成池塘边。

在 Scratch 界面右下方找到背景区，将鼠标指向"选择一个背景"图标，弹出包含四个按钮的菜单，点击"上传背景"按钮。▷

打开"2-2 案例素材"文件夹，选择"背景"图片，点击"打开"按钮，布置好舞台。▷

切换到左侧的"背景"选项卡，出现了两个背景，即"背景 1"和"背景"。别忘了把第一个默认背景删掉哟！选中"背景 1"，点击右上角的 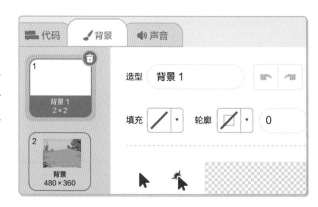 按钮。

添加角色

美丽的池塘边有一群小动物在奔跑，是大公鸡、鸭哥哥、鸭姐姐在追赶丑小鸭。丑小鸭跑得气喘吁吁，但它一直在努力来回奔跑，躲避追击。快让这些角色都现身吧！

在 Scratch 界面右下方找到角色区，将鼠标指向"选择一个角色"图标，弹出包含四个按钮的菜单，点击"上传角色"按钮。

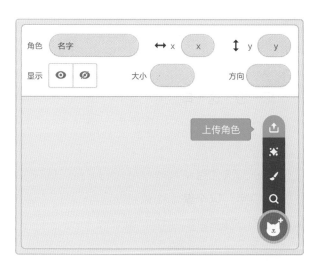

▽ 打开"2-2 案例素材"文件夹，选择"丑小鸭 .sprite3"并点击"打开"按钮，添加角色。

按照相同方法添加"大公鸡.sprite3""鸭哥哥.sprite3""鸭姐姐.sprite3"三个角色，并调整大小。 ▷

想一想，这一串追逐的动作中，角色的外观会有什么变化呢？点开"造型"选项卡，就会看到各个角色的不同造型，也就是动作变化。在上次任务中我们已经掌握使用"角色造型切换"这个编程秘诀来实现角色造型的变化了，这一次我们还会用到它。 ▷

3 设计与实现

我们已经布置好舞台，也请来了主角和配角们，可是怎样才能让丑小鸭躲避追咬，不受到伤害呢？这就需要一些逻辑思维啦！

【故事逻辑和情节分析】

按照时间顺序和情节发展，可以将故事情节划分为：

⚙【情节1】丑小鸭、大公鸡、鸭哥哥、鸭姐姐都呈现奔跑状态。

⚙【情节2】丑小鸭跟随鼠标指针移动。

⚙【情节3】大公鸡、鸭哥哥、鸭姐姐依次追逐丑小鸭并试图咬它。

【情节 1】丑小鸭、大公鸡、鸭哥哥、鸭姐姐都呈现奔跑状态。

丑小鸭呈现奔跑状态。

丑小鸭通过不断切换造型呈现奔跑状态。

　　设置丑小鸭的触发事件。点选角色区中的"丑小鸭"角色，在"事件"类积木中点击并拖动 ▱ 到脚本区。　　▷

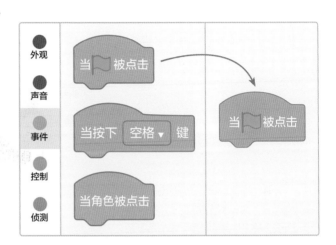

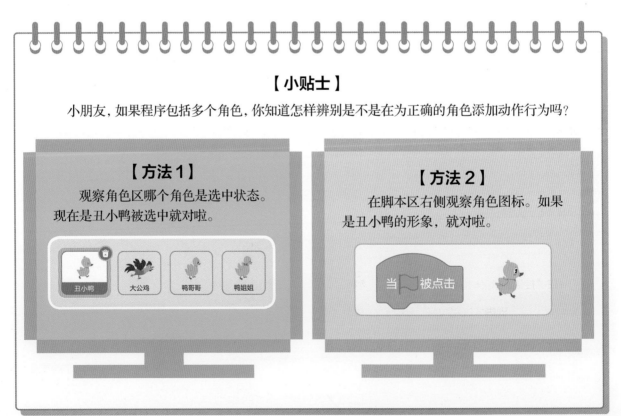

【小贴士】

小朋友，如果程序包括多个角色，你知道怎样辨别是不是在为正确的角色添加动作行为吗?

【方法 1】

观察角色区哪个角色是选中状态。现在是丑小鸭被选中就对啦。

【方法 2】

在脚本区右侧观察角色图标。如果是丑小鸭的形象，就对啦。

接下来，在"外观"类积木中点击并拖动 下一个造型 到脚本区拼接好。 ▷

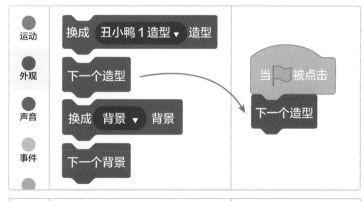

在"控制"类积木中点击并拖动 等待 1 秒 到脚本区拼接好，并将数值修改为 0.3。实现造型短时间停留。 ▷

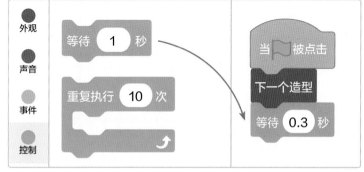

【想一想】
丑小鸭奔跑过程中，造型只变换一次，还是不断变换造型？
没错，是不断变换造型。丑小鸭需要反复执行变换造型的动作。

因此我们将用到积木 。

在"控制"类积木中点击并拖动  到脚本区拼接好，让 下一个造型 等待 0.3 秒 重复执行。 ▷

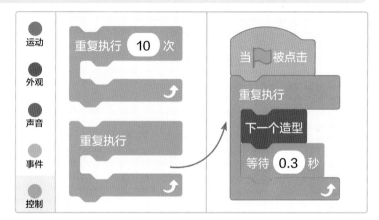

在这里，我们收集到了第一个"编程秘诀"——重复执行。

【编程秘诀 1】重复执行

重复执行指的是角色不断重复某个动作。

在 Scratch 中，我们可以通过积木 让某个动作不断重复。小朋友们只需要把想要重复的动作放在这个积木里面就可以了。

目前，丑小鸭重复执行了两个积木，可以实现四个造型轮流切换并且每个造型保持 0.3 秒，也就是让丑小鸭呈现出原地奔跑的效果。接下来，大公鸡、鸭哥哥、鸭姐姐也要有重复执行的动作，你可以把学到的编程秘诀用上啦。

大公鸡、鸭哥哥、鸭姐姐呈现奔跑状态。

大公鸡、鸭哥哥、鸭姐姐也都要呈现奔跑的效果，因此需要与丑小鸭相同的积木模块。我们可以将丑小鸭的积木分享给其他角色。

点选角色区中的"丑小鸭"角色，在脚本区点击 选中刚刚拼搭的积木组合，此时组合边缘会呈现黄色。 ▷

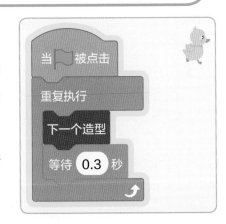

▽ 按住鼠标左键，将这些积木模块拖到角色区中的"大公鸡"角色位置。

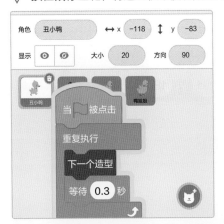

成功将积木拖给大公鸡时，大公鸡的角色图标会晃动一下，这时大公鸡角色就会拥有同样的积木组合了。 ▷

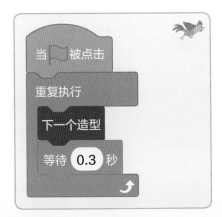

重复如上操作，为鸭哥哥、鸭姐姐添加同样的脚本。▽

【情节2】丑小鸭跟随鼠标指针移动。

点选角色区中的"丑小鸭"角色，在"事件"类积木中点击并拖动 当▢被点击 到脚本区。▷

在"运动"类积木中点击并拖动 移到 随机位置▾ 和 面向 鼠标指针▾ 到脚本区，并将"随机位置"修改为"鼠标指针"。拼接好积木，实现丑小鸭跟随鼠标指针移动。▷

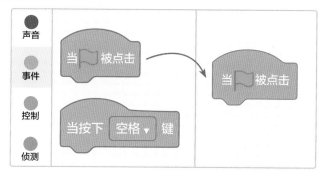

【想一想】

丑小鸭只跟随鼠标指针奔跑一次，还是始终跟随鼠标指针奔跑？

是始终跟随鼠标指针奔跑。丑小鸭需要反复执行跟随鼠标指针奔跑的动作。

因此我们将用到刚刚学习到的编程秘诀——重复执行。

在"控制"类积木中点击并拖动 到脚本区，将实现丑小鸭面向并移动到鼠标指针的积木放置其内部。 ▷

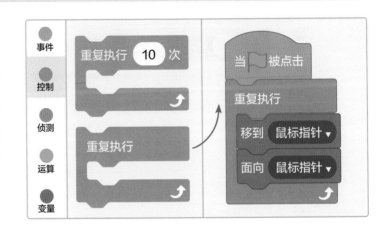

在这里，我们收集到了第二个"编程秘诀"——角色移动。

【编程秘诀2】角色移动

角色移动是指角色能实时移动到指定位置。在 Scratch 中，可以通过"运动"类积木中的 移到 随机位置 积木实现，其中跟随对象是可选项，包括"随机位置""鼠标指针"和其他角色等。

【情节3】大公鸡、鸭哥哥、鸭姐姐依次追逐丑小鸭并试图咬他。

【想一想】

（1）大公鸡、鸭哥哥、鸭姐姐跟随丑小鸭奔跑，与丑小鸭跟随鼠标指针奔跑的原理相同，只是将 面向 鼠标指针 改为 面向 丑小鸭 ，将 移到 随机位置 改为 移到 丑小鸭 的位置。

（2）采用 在 1 秒内滑行到 丑小鸭 代替直接移动到丑小鸭，增强追捕过程中的真实性和趣味性。

（3）大公鸡、鸭哥哥、鸭姐姐滑动到丑小鸭的时间分别设置为0.8秒、1.2秒、1.5秒，从而实现逐一追逐丑小鸭的效果。

大公鸡、鸭哥哥、鸭姐姐都追咬丑小鸭，行动情况是类似的，实现过程也类似。先以大公鸡为例，一起试试怎么实现。

点选角色区中的"大公鸡"角色，在"事件"类积木中点击并拖动  到脚本区。

在"运动"类积木中点击并拖动 在1秒内滑行到 随机位置 到脚本区拼接好，将"随机位置"修改为"丑小鸭"，时间选项设置为 0.8。

在"运动"类积木中点击并拖动 面向 鼠标指针 到脚本区拼接好，将"鼠标指针"修改为"丑小鸭"。▽

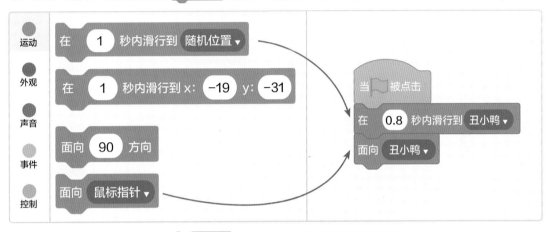

在"控制"类积木中点击并拖动 重复执行 到脚本区，让 重复执行。▽

按照上述步骤完成鸭哥哥和鸭姐姐的积木拼接，其中鸭哥哥、鸭姐姐滑动到丑小鸭的时间分别设置为 1.2 秒和 1.5 秒。你可以一个积木一个积木地完成拼接，也可以按照【情节 1】应用过的操作方式，将大公鸡的积木组拖给鸭哥哥和鸭姐姐，但是不要忘记修改滑动时间哟。▽

在这里，我们收集到了第三个"编程秘诀"——角色滑行。

【编程秘诀3】角色滑行

角色滑行是指让角色在指定时间内滑动到某一位置。修改滑动时间以调整角色的滑动速度，选择滑动目的地以调整角色滑动方向。滑动效果可以用来模拟动物奔跑、鸟类飞行、鱼类游动等。

在 Scratch 中，可以通过"运动"类积木中的 在 1 秒内滑行到 随机位置 ▾ 来实现。其中滑动时间和滑动目的地是可修改的。

最后，我们来收集第四个"编程秘诀"——角色面向。

【编程秘诀4】角色面向

角色面向是指让角色始终面朝鼠标指针或者其他角色，实现角色与其他事物互动的效果。

在 Scratch 中，通过"运动"类积木中的 面向 鼠标指针 ▾ 来实现，根据需求可以点击倒三角形来选择不同角色。

👑 运行与优化

1 程序运行试试看

你是不是已经迫不及待，想要运行一下这个程序呢？按照下面的步骤来试一试吧。

（1）点击 🏳 按钮，启动游戏。

（2）挪动鼠标，丑小鸭跟随鼠标指针移动，大公鸡、鸭哥哥、鸭姐姐对丑小鸭展开追逐。

2 作品优化与调试

运行程序，这次你有没有观察到需要修改的细节呢？这个小游戏有一处细节可以优化哟。

每次当我们点击 按钮启动程序后，丑小鸭、大公鸡、鸭哥哥和鸭姐姐都处于舞台左上角。这是因为点击 按钮后，鼠标指针在舞台左上角，丑小鸭在程序启动后就会跟随鼠标指针移动，而大公鸡、鸭哥哥和鸭姐姐也都跟随丑小鸭当前的位置处在舞台左上角。

接下来我们给小动物们设定好初始位置吧。小朋友一定要确保自己点击 按钮，停止了游戏。

首先，分别将丑小鸭、大公鸡、鸭哥哥和鸭姐姐都拖到自己认为适合的位置。

然后，在角色区依次点选各个角色，把"运动"类积木 移到 x: 0 y: 0 插到各角色重复造型变换积木组合的上方。要注意的是，Scratch 已经记录好刚刚为小动物们定好的位置，大家拖动积木时不用修改坐标数值哟。

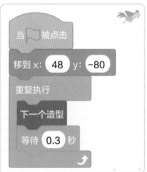

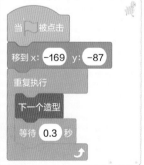

启动程序，会发现点击 按钮后，丑小鸭、大公鸡、鸭哥哥和鸭姐姐仍然快速蜂拥到了舞台左上角。可行的办法是修改动物们奔跑的触发事件，也就是将 当 被点击 替换为 当按下 空格 键 。

再次运行程序，就会看到丑小鸭、大公鸡、鸭哥哥和鸭姐姐已经不在舞台左上角，而是乖乖停留在咱们给它们设定好的位置。将鼠标移动到预期的位置后，按下空格键，就可以看到丑小鸭被大公鸡、鸭哥哥和鸭姐姐追逐的过程了。

3 让保存成为习惯

最后，将我们新做的小程序保存到电脑里，方便我们以后查找或者不断完善作品。

点击"文件"菜单，选择"保存到电脑"命令。

▷

你有没有建立一个专属文件夹，用来存储程序文件呢？找到那个文件夹，对文件进行命名，然后点击"保存"按钮。

▷

恭喜你顺利地完成了本次的小程序！让我们一个一个地收集这些小程序，等这个文件夹被塞满的时候，你一定会成为更棒的编程小达人！

👑 思维导图大盘点

现在，让我们画一画思维导图，复习一下本次的编程任务是如何完成的吧。

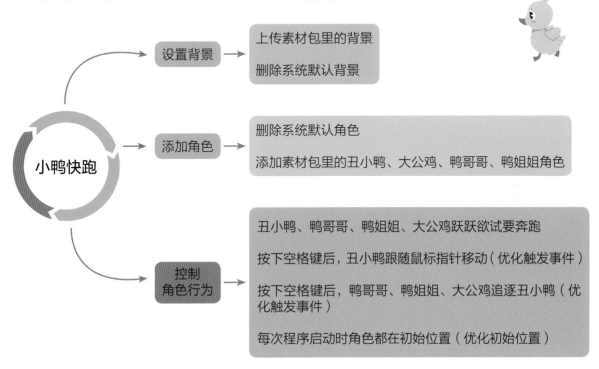

小鸭快跑

设置背景 → 上传素材包里的背景
删除系统默认背景

添加角色 → 删除系统默认角色
添加素材包里的丑小鸭、大公鸡、鸭哥哥、鸭姐姐角色

控制角色行为 →
丑小鸭、鸭哥哥、鸭姐姐、大公鸡跃跃欲试要奔跑

按下空格键后，丑小鸭跟随鼠标指针移动（优化触发事件）

按下空格键后，鸭哥哥、鸭姐姐、大公鸡追逐丑小鸭（优化触发事件）

每次程序启动时角色都在初始位置（优化初始位置）

👑 挑战新任务

小朋友，让丑小鸭逃脱追逐不是一件容易的事情，感谢你的精心设计。同样的编程秘诀还可以设计这样的游戏：小朋友追球。

游戏的目标是：当我们用鼠标指到舞台上的任意位置时，球会跟随过来，小朋友也会跟过来。

怎样才能达成任务目标呢？结合前面所学的知识，想想看吧！Scratch系统里有很多素材，你可以自由地运用这些素材！

3

偶遇魔力球

解锁新技能

🔓 条件判断

🔓 颜色侦测

🔓 增加颜色特效

🔓 清除图形特效

丑小鸭总是被大公鸡它们欺负，心里觉得很委屈。这天，它独自来到池塘边，偷偷地抹眼泪。

　　丑小鸭心想：我对大家这么友好和热情，无论谁遇到了困难我都会去帮忙，上次大公鸡掉进水里还是我冲过去救它的呢。可它们不愿意去看我的优点。唉，要是我能变好看一些就好了。

　　丑小鸭这样想着，看到池塘里自己灰不溜秋的倒影，觉得更难过了。

　　这时，一个蓝色的小球蹦蹦跳跳地出现在丑小鸭身边，转了个圈就飘飘悠悠地跑远了。

　　丑小鸭好奇地去追小球，想一探究竟。没想到，小球居然是一个魔力球！它碰到丑小鸭或者红苹果会变色，碰到白云又能恢复原来的颜色。真神奇啊！

　　魔力球让丑小鸭重拾快乐，心情变得舒畅起来。

👑 领取任务

本次任务中，我们将借助 Scratch，制作一个会变色的魔力球，让丑小鸭变得开心起来！

首先，我们要通过 Scratch 来绘制这个魔力球角色。

然后，我们要控制魔力球，让它能自由飘荡，并且遇到特定颜色后会变色。

最后，我们邀请丑小鸭来和魔力球互动。

你想尽快让这个魔力球给丑小鸭带来欢乐吗？那就用 Scratch 来编程吧！

👑 一步一步学编程

1 做好准备工作

经过前两次的学习，小朋友一定对如何做准备工作轻车熟路了！从这次开始，就不详细介绍这个过程了，如果操作有困难，请参考之前的具体步骤。

资源下载

这个游戏需要的素材都在下载资源"案例 3"文件夹中，请小朋友准确找到这个文件夹。

新建项目

如果 Scratch 编辑器刚被启动，可以忽略这一步。但如果刚刚用 Scratch 编写了其他程序，保存好当前创作的作品后，点击"文件"菜单，选择"新作品"命令。

删除默认角色

在角色区选中小猫咪，点击右上角的 🗑 按钮，删除它。

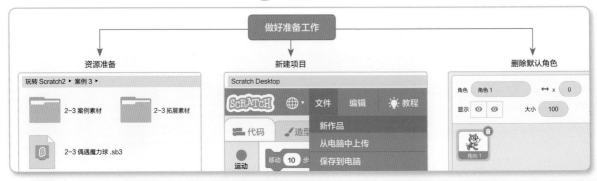

好了，准备工作完成了，我们赶快编写程序吧！

2 添加背景与角色

添加背景

添加上好看的背景图片，将舞台布置成素材中的美丽池塘边。

在背景区，将鼠标指向"选择一个背景"图标，弹出包含四个按钮的菜单，点击"上传背景"按钮。

打开"2-3 案例素材"文件夹，选择"背景"图片，点击"打开"按钮，布置好舞台。

别忘了删掉默认背景哟！切换到左侧的"背景"选项卡，选中默认背景"背景 1"，点击右上角的 🗑 按钮。

添加角色

在这个程序中有三个角色，分别是魔力球、丑小鸭和苹果树。我们先添加好丑小鸭和苹果树，再来学习"绘制魔力球"吧！

在角色区，将鼠标指向"选择一个角色"图标，弹出包含四个按钮的菜单，点击"上传角色"按钮。

打开"2-3 案例素材"文件夹，选择"丑小鸭 .sprite3"，点击"打开"按钮，成功添加丑小鸭角色。我们可以根据需要改变丑小鸭在舞台的位置以及大小。

【小贴士】

小朋友，请你回忆上一次任务中我们给丑小鸭赋予了怎样的动作技能呢？

首先，点击 🏳 按钮后，丑小鸭开始挥舞翅膀，变换造型；然后，按下空格键，丑小鸭会跟随鼠标指针移动。

在这个游戏中，丑小鸭仍然会用到这些技能，而且"丑小鸭 .sprite3"已经包括了这些技能哟。大家点击丑小鸭后，切换到"代码"选项卡，就可以看到这些积木了。

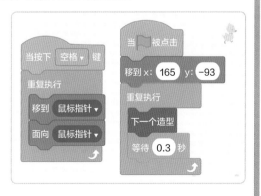

◁ 按照同样的操作步骤，选择苹果树图片，成功添加苹果树角色，并根据需要调整苹果树在舞台的位置以及大小。

怎么绘制魔力球呢？

在角色区，将鼠标指向"选择一个角色"图标，弹出包含四个按钮的菜单，选择"绘制"按钮。 ▷

角色区会自动增加一个新角色"角色1"，并且切换到"造型"选项卡。 ▽

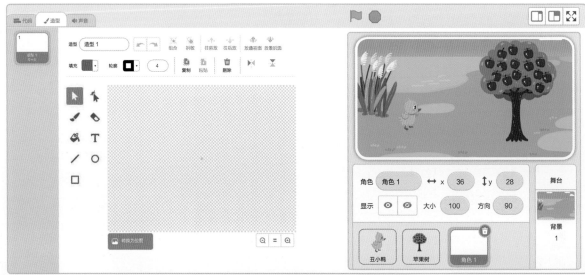

点击"造型"选项卡，设置好填充颜色，轮廓颜色选择为无色，选择"圆"命令，绘制一个圆形。舞台出现小球后，别忘了将其修改为合适大小。为了方便查询，将角色名称修改为"魔力球"吧。▽

3 设计与实现

在动手编写程序之前，非常重要的是要分析魔力球具有哪些动作，碰到哪些条件会有怎样的变色反应，还要分析丑小鸭是如何与魔力球互动的。这就需要一些逻辑思维啦！

【故事逻辑和情节分析】

⚙ 【情节 1】游戏开始，魔力球自由飘荡。

⚙ 【情节 2】魔力球遇到丑小鸭或红苹果，颜色就自动变化。

⚙ 【情节 3】魔力球遇到纯白色，就恢复到初始颜色。

⚙ 【情节 4】按下空格键，丑小鸭会跟随鼠标指针移动，灵活追逐魔力球。

【情节 1】游戏开始，魔力球自由飘荡。

我们要完成的效果是：游戏启动后，魔力球在画面中自由地飘荡。

点选角色区中的"魔力球"角色，在"事件"类积木中点击并拖动  到脚本区；在"运动"类积木中点击并拖动 到脚本区拼接好，实现魔力球在 1 秒内移动到随机位置。▷

【小贴士】
注意到这组积木旁边的小球了吗？有了这个图标，就可以判定我们在为魔力球增加动作了！

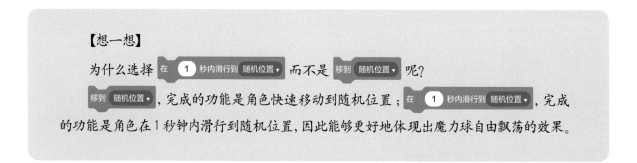

【想一想】

为什么选择 在 1 秒内滑行到 随机位置 而不是 移到 随机位置 呢?

移到 随机位置 ,完成的功能是角色快速移动到随机位置; 在 1 秒内滑行到 随机位置 ,完成的功能是角色在1秒钟内滑行到随机位置,因此能够更好地体现出魔力球自由飘荡的效果。

点击 🏳 按钮启动程序会发现,魔力球只会完成一次在 1 秒内滑动到随机位置,因此需要重复执行 在 1 秒内滑行到 随机位置 。在 "控制" 类积木中点击并拖动 重复执行 到脚本区,拼接在 在 1 秒内滑行到 随机位置 外部。

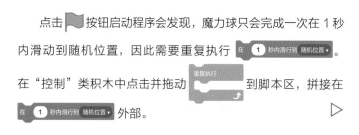

到目前为止,我们顺利完成了小球在游戏启动后就可以飘动的效果了,还要继续加油哟!

【情节 2】魔力球遇到丑小鸭或红苹果,颜色就自动变化。

【想一想】

我们要让魔力球具有遇到丑小鸭或红苹果就变色的 "神秘魔法",就需要它在每次滑动到某个位置后,首先判断这个位置是否是灰色的(丑小鸭的颜色)或者是红色的(苹果的颜色),如果满足条件就会自动改变颜色。

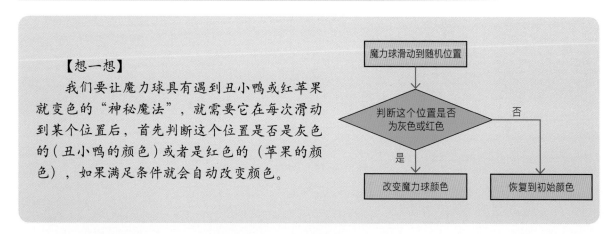

魔力球遇到灰色(丑小鸭的颜色)就自动变色。

(1)给魔力球增加条件判断的框架。

点选角色区中的"魔力球"角色，在"控制"类积木中点击并拖动 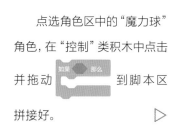 到脚本区拼接好。 ▷

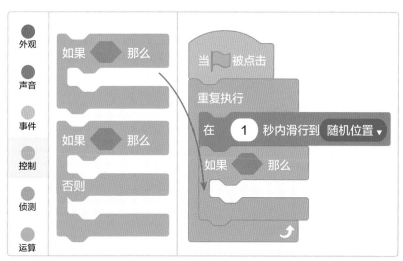

在这里，我们先收集到第一个"编程秘诀"——条件判断。

【编程秘诀1】条件判断

条件判断就是让角色判断条件是否满足，根据判断的结果来确认是否执行某些积木。

我们可以通过积木 实现条件判断。

情况1："如果"后面的"条件框"成立，就会执行"那么"下面嵌套的积木。

情况2："如果"后面的"条件框"不成立，就不会执行"那么"下面嵌套的积木。

条件部分，执行嵌套积木所要满足的条件

执行部分，如果条件部分满足，则执行这部分的嵌套积木

（2）为魔力球添加判定条件。

在"侦测"类积木中点击并拖动 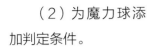 到 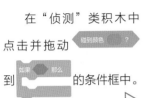 的条件框中。▷

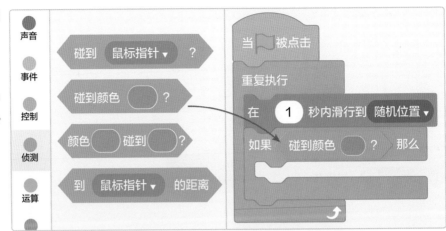

可是目前的颜色并不是我们想要的颜色，在 碰到颜色 ？ 中点击颜色椭圆，会产生一个选色窗口，点击最下方的拾色器 🖌 。▷

▽ 将鼠标移动到丑小鸭身上，选取期望的颜色。

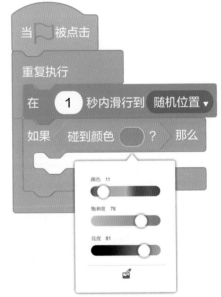

这时候 碰到颜色 ？ 中的颜色已经变成了丑小鸭的灰色了。

在这里，我们收集到了第二个"编程秘诀"——颜色侦测。

【编程秘诀 2】颜色侦测

颜色侦测是指判定角色所碰到的颜色是否是指定颜色。

颜色侦测通过积木 碰到颜色 ？ 实现，可以根据需要改变判定的颜色。

（3）为魔力球添加判定条件成立时的动作。

如果魔力球遇到灰色（即碰到丑小鸭），就会自动改变颜色。在"外观"类积木中选择 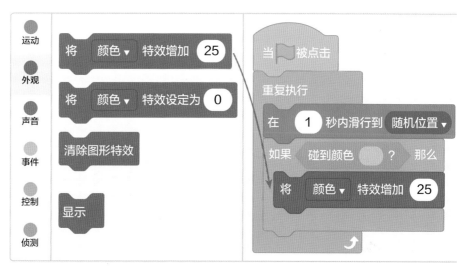，拼接在 内部。

在这里我们收集到了第三个"编程秘诀"——增加颜色特效。

【编程秘诀 3】增加颜色特效

增加颜色特效是指为角色加上一些图形特效，并增加指定的强度值，数值为正时增强特效，数值为负时减弱特效。

颜色特效可以通过积木 将 颜色▼ 特效增加 25 实现，从下拉列表中选择要使用的图形效果，然后输入数值控制特效强度的增减。在本次任务中，我们通过使用积木 将 颜色▼ 特效增加 25 ，让魔力球不断变换颜色。

魔力球遇到红色（苹果的颜色）就自动变色。

与"魔力球遇到灰色（丑小鸭的颜色）就自动变色"的操作步骤类似，继续通过条件判断、颜色侦测与增加颜色特效三个积木完成该功能。一定要注意的是，需要在颜色侦测积木中利用拾色器选择苹果的红色哟。　▷

【情节 3】魔力球遇到纯白色，就恢复到初始颜色。

与"魔力球遇到灰色或者红色就自动变色"的操作步骤类似，继续通过构建条件判断的框架，设定判定条件成立时的动作来完成灰色积木搭建。同时不要忘记利用拾色器将颜色修改为云朵的纯白色哟。

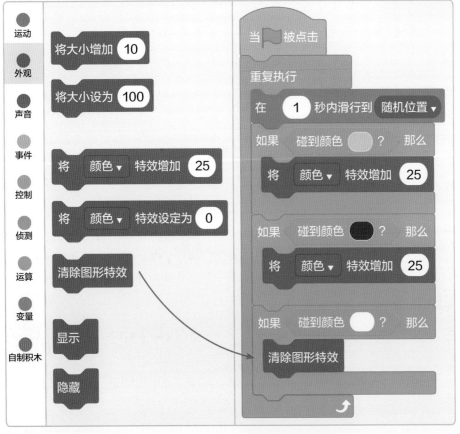

◁　如何将魔力球恢复原来的颜色呢？需要通过"外观"类积木 清除图形特效 来实现。

在这里，我们收集到了第四个"编程秘诀"——清除图形特效。

【编程秘诀 4】清除图形特效

　　清除图形特效就是清除一个角色上的所有图形特效，让它恢复到原来的形态。

　　在 Scratch 中，通过"外观"类积木中的 清除图形特效 实现清除一个角色上的所有图形特效的效果。在这里，运用 清除图形特效 实现了魔力球遇到纯白色就恢复原来颜色的效果。

【情节 4】按下空格键，丑小鸭会跟随鼠标指针移动，灵活追逐魔力球。

　　由于我们导入的丑小鸭已经具有自由挥动翅膀和按下空格键后跟随鼠标指针移动的技能，因此该情节不需要进行额外操作了。灵活捕捉魔力球就要依靠小朋友来操控啦。

运行与优化

1 程序运行试试看

　　你是不是已经迫不及待了，想要运行一下这个程序呢？让我们打开程序，一起感受一下魔力球的乐趣吧。

　　（1）点击 ▶ 按钮，启动游戏，就可以观看魔力球自由自在地飘荡。

　　（2）当它碰触到灰色或者红色就会自动改变颜色，当它碰到纯白色就会恢复颜色。

　　（3）按下空格键，丑小鸭就能够跟随鼠标指针移动，捕捉魔力球，增加魔力球变色的趣味性。

2 作品优化与调试

　　小游戏很有意思吧，可是仍然有些细节需要进一步修改。经过完善，能够让程序更生动、有趣呢。

　　想一想，哪些因素影响魔力球的颜色变换呢？如何让魔力球有更多的变换呢？

这里有两个积木很重要。第一个积木是 在 1 秒内滑行到 随机位置▼ ，调整其中的数值就可以修改魔力球的飘荡速度；另一个积木是 将 颜色▼ 特效增加 25 ，调整其中的数值就可以修改魔力球的颜色变化强度。

> 小朋友可以试试下面一组数字，
> 感受一下对魔力球变色的影响：
> ● 0.1 秒，特效值为 25
> ● 0.5 秒，特效值为 25
> ● 0.1 秒，特效值为 75
> ● 0.8 秒，特效值为 15
> 你发现了什么规律呢？

请根据你的喜好设定好这两个积木中的数值，这里我们将时间设定为 0.8 秒，特效增加值设定为 15。 ▷

3 让保存成为习惯

最后，让我们把编写好的程序，保存到"老地方"！

点击"文件"菜单，选择"保存到电脑"命令。经过一段时间的学习，相信你已经建立了一个专属的文件夹，用来存储程序文件。找到那个文件夹，对文件进行命名，点击"保存"按钮。

现在，我们要恭喜你，你已经顺利地完成了这个小程序，距离"编程达人"又近一步啦！

🐾 思维导图大盘点

让我们用思维导图整理一下，看看这个编程任务是怎么完成的吧。

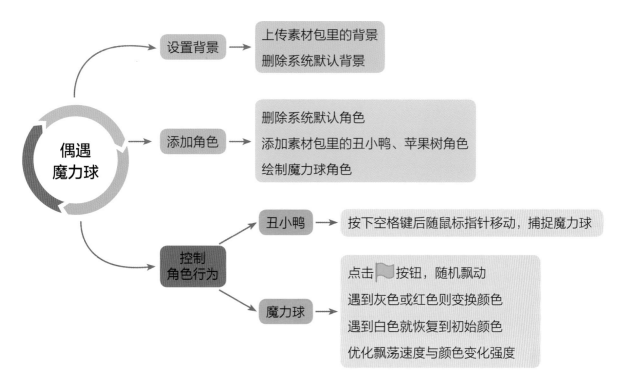

🐾 挑战新任务

小朋友，制作"偶遇魔力球"小游戏的过程中你一定获得了一份成就感。

接下来，请你利用 Scratch 的自带素材，开动脑筋创作另一个小游戏吧。

游戏的目标是：在游戏中添加 （Heart Face）心形脸角色，如果魔力球碰到它，就会

变身为 (Dragonfly) 蜻蜓角色。

怎样达成任务目标呢？结合前面所学的知识，想想看吧！

4

小鸭修围栏

解锁新技能

🔓 侦测鼠标按下

🔓 角色克隆

🔓 角色 y 坐标修改

🔓 角色显示层级调整

丑小鸭很善良，乐于助人，不求回报。不过它的这种美好品质并没有赢得身边小伙伴们的尊重。大家总是因为它长得不一样、不好看而取笑它、欺负它。

　　这天，丑小鸭独自走到一家农庄。它看到一位老爷爷正在修补院子的围栏，累得满头大汗。丑小鸭连忙走过去问："老爷爷，您需要我帮忙吗？"

　　老爷爷头也不回地说："你一定就是今年在池塘边出生的'丑小鸭'吧，不用看我就知道是你，就数你最热心，总喜欢帮助别人。快来，孩子，帮我把木板运过来，我得抓紧把围栏修好，免得夜里狐狸再来偷东西。"

　　丑小鸭连忙点点头，说："好的！"它对老爷爷肃然起敬，它在心里告诉自己也要像老爷爷一样，提前想问题，事先做准备。

🐤 领取任务

热心的丑小鸭想立刻上前帮忙，让我们通过 Scratch 满足丑小鸭的心愿吧。

首先，将修缮围栏的木板传给丑小鸭。

然后，为保证围栏的美观，要让木板可以变换颜色和大小。

最后，在围栏的指定位置钉好木板。

丑小鸭能不能在天黑前帮忙修补好围栏呢？快通过编程来帮忙吧。

🐤 一步一步学编程

1 做好准备工作

想必小朋友们已经对 Scratch 程序的开启与应用很熟练了，现在只需要用之前的方法做好如下准备工作：

（1）准备好这个游戏需要的所有资源，它们在本书附带的下载资源"案例 4"文件夹中。

（2）为"小鸭修围栏"新建项目。请注意，如果你刚刚用 Scratch 编写了其他程序，别忘了保存当前的项目再新建项目啊。

（3）在角色区选中小猫咪，点击右上角的 🗑 按钮，将其删除。

2 添加背景与角色

我们的故事发生在农庄，这儿有一段围栏需要修补，丑小鸭要帮忙修好。

添加舞台背景

在背景区，将鼠标指向"选择一个背景"图标，弹出包含四个按钮的菜单，点击"上传背景"按钮。

打开"2-4 案例素材"文件夹，选择"背景"图片，点击"打开"按钮，布置好舞台。不要忘记切换到左侧的"背景"选项卡，删除默认背景"背景 1"。

添加角色

丑小鸭需要寻找木板修缮围栏，快找到丑小鸭和木板，添加到程序中！

在角色区，将鼠标指向"选择一个角色"图标，弹出包含四个按钮的菜单，选择"上传角色"按钮。

打开"2-4 案例素材"文件夹，依次选择木板和丑小鸭，添加角色，并将木板大小调整为 30。

3 设计与实现

我们已经将有破损围栏的农庄作为舞台，也添加了角色——丑小鸭和木板。现在我们就需要让 Scratch 大显身手帮助老爷爷和丑小鸭修缮围栏了。

在这一部分中，我们首先分析具体逻辑及情节，然后用 Scratch 魔法实现这个游戏。

【故事逻辑和情节分析】

❋【情节 1】按下空格键，丑小鸭扶着木板，木板跟随鼠标指针移动并变换颜色。

❋【情节 2】按下键盘的左右键，实现木板的大小变换。

❋【情节 3】在鼠标按下的位置，完成木板复制与固定。

【情节 1】按下空格键，丑小鸭扶着木板，木板跟随鼠标指针移动并变换颜色。

按下空格键，木板跟随鼠标指针移动并变换颜色。

我们要实现鼠标指针到哪里，木板就跟随到哪里，与此同时木板变换颜色。根据之前的经验，移动到鼠标指针、颜色特效这两个积木都是需要重复执行的。

点选角色区的"木板"角色，在"事件"类积木中点击并拖动 当按下 空格▼ 键 到脚本区。

在"运动"类积木中点击并拖动 移到 随机位置▼ 到脚本区，拼接到 当按下 空格▼ 键 下方，将"随机位置"修改为"鼠标指针"，实现木板可以随着鼠标指针移动。 ▷

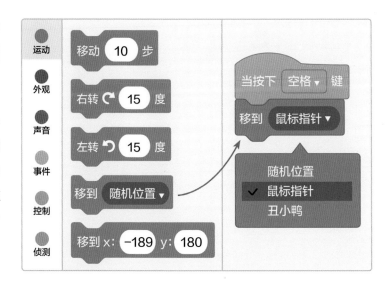

▽ 在"外观"类积木中点击并拖动 将 颜色▼ 特效增加 25 到脚本区，拼接在 移到 鼠标指针▼ 下方。

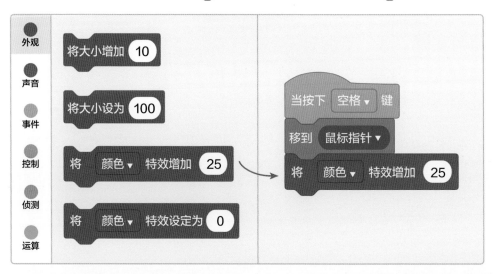

在"控制"类积木中点击并拖动  到脚本区,将 和 内嵌其中,完成重复执行。

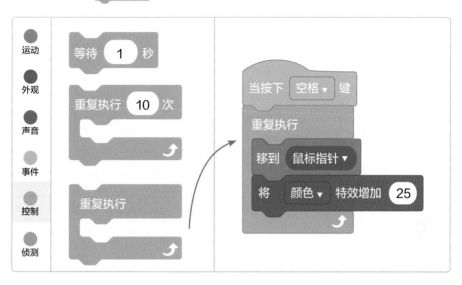

丑小鸭手扶木板。

【想一想】
如何实现丑小鸭手扶木板的效果?
始终确保丑小鸭和木板同步移动。木板是重复执行移动到鼠标指针,因此我们需要丑小鸭也重复执行移动到鼠标指针。

我们导入丑小鸭角色的时候,图示右侧这段代码就已经同步导入了,所以不需要进行积木拼搭了。 ▷

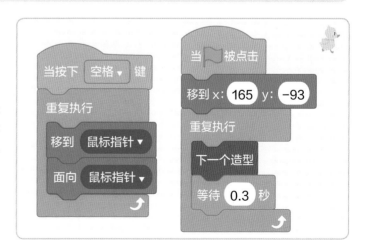

【情节2】按下键盘的左右键，实现木板的大小变换。

现在我们要来实现用键盘左右键控制木板变更大小的魔法了。请在角色区点选"木板"角色，再进行下面的操作哟。

按下键盘左键，木板变大。

添加按下键盘左键为触发事件。在"事件"类积木中点击并拖动 当按下 空格▼ 键 到脚本区空白处，点击"空格"下拉列表，选择"←"。

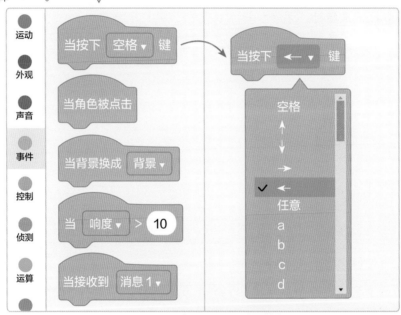

增加将角色增大的脚本。在"外观"类积木中点击并拖动 将大小增加 10 到脚本区拼接好。

按下键盘右键，木板变小。

添加按下键盘右键为触发事件。在"事件"类积木中点击并拖动 当按下 空格▼ 键 到脚本区，接着点击"空格"下拉列表，选择"→"。

增加将角色减小的脚本。在"外观"类积木中点击并拖动 将大小增加 10 到脚本区拼接好，将数值修改为-10。

【情节3】在鼠标按下的位置，完成木板复制与固定。

【想一想】

（1）如何实现每当鼠标按下，木板都会在鼠标所在位置进行复制的效果呢？

完成【情节3】的积木组需要拼接在积木 重复执行 内部。

（2）当满足什么条件，才能执行木板的复制呢？

只有当按下鼠标时，才会执行木板复制，因此需要用到积木 如果 那么 ，其中的判定条件是按下鼠标，执行的动作是复制木板。

点选角色区的"木板"角色，在"控制"类积木中点击并拖动 如果 那么 到脚本区，拼接在 将 颜色 特效增加 25 下方。

在"侦测"类积木中点击并拖动 按下鼠标? 到脚本区，插入 如果 那么 的条件框中。

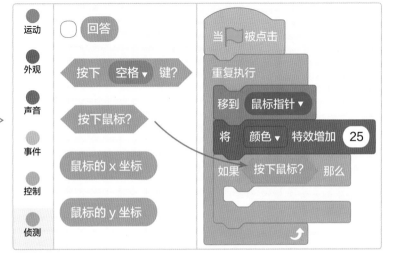

在这里，我们收集到了第一个"编程秘诀"——侦测鼠标按下。

【编程秘诀1】侦测鼠标按下

侦测鼠标按下可以侦测当前情况下按下鼠标的操作为真还是假。

在 Scratch 中，可以通过"侦测"类积木 `按下鼠标?` 判断是否按下了鼠标。

我们刚刚将 `按下鼠标?` 作为是否复制木板的判定条件。

每次按下鼠标，都能进行木板复制，需要用到实现"克隆"的积木。在"控制"类积木中点击并拖动 `克隆 自己▾` 作为当 `如果 那么` 中条件满足时需要执行的积木。▽

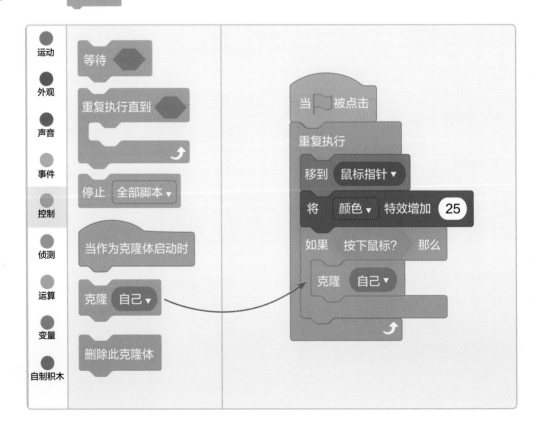

在这里，我们收集到了第二个"编程秘诀"——角色克隆。

【编程秘诀2】角色克隆

角色克隆是为特定的角色复制一个替代品。

在Scratch中，可以通过"控制"类积木 克隆 自己▾ 完成角色的复制。在这次的任务中，角色只有一个造型，无法实现不同造型的克隆，但是可以实现同一角色不同颜色特效的克隆。

👑 运行与优化

1️⃣ 程序运行试试看

按照下面的步骤来试一试自己所创作的游戏吧。

（1）点击 🚩 按钮，启动游戏。

（2）按下键盘左右键将木板调整为满意的大小。

（3）移动鼠标，确定好位置后，点击鼠标，将木板固定。不断重复这一步骤，完成围栏修缮。

2️⃣ 作品优化与调试

运行程序并发现需要修改的细节已经成为你的习惯性行为了吧？祝贺你拥有认真做出好作品的品格。这个小游戏有两处细节可以进一步完善。

（1）调整木板和丑小鸭的初始位置。

运行程序后会发现，木板处于舞台左上方，丑小鸭位于舞台右侧。需要在程序运行后将它们调整到合适的位置。▷

给木板设定好初始位置。在角色区点选"木板"角色，将其拖到舞台左下角，并增加这样的一段代码。▽ 其中，x 和 y 的值就是木板初始位置的坐标值。

当 🚩 被点击
移到 x: -206 y: -113

调整丑小鸭的初始位置。在角色区点选"丑小鸭"角色，将其拖到舞台左下角木板旁边，记录好该位置坐标。▷

角色	丑小鸭	↔ x	-176	↕ y	-116
显示	👁 ⦸	大小	20	方向	90

舞台

背景
1

木板　丑小鸭

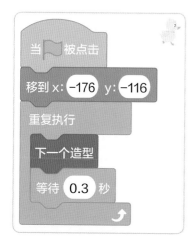

◁ 找到丑小鸭在程序启动后就回到初始位置并重复切换造型的代码，修改其初始位置的坐标值。

再次运行程序，就会发现丑小鸭和木板都在舞台左下角了。

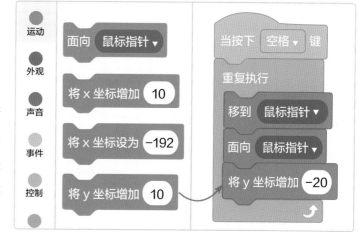

（2）优化丑小鸭扶木板的效果。

运行程序后，会发现丑小鸭扶着木板的样子总是有些奇怪，这是因为丑小鸭处于木板中央。更好的效果是让丑小鸭的位置能够偏下一些，这就需要修改丑小鸭位置的纵坐标值了。

在角色区点选"丑小鸭"，在"运动"类积木中点击并拖动 将y坐标增加 10 到脚本区拼接好。△ 小朋友可以尝试修改不同的数值，感受丑小鸭的位置变化，这里我们将其修改为 –20。

在这里，我们收集到了第三个"编程秘诀"——y 坐标修改。

【编程秘诀 3】y 坐标修改

角色在舞台中的上下位置是通过 y 坐标进行表示的。

舞台最下端的 y 坐标为 –180，舞台最上端的 y 坐标为 180。角色如果向舞台下方移动，y 坐标值会减小；角色如果向舞台上方移动，y 坐标值会增大。

丑小鸭和木板都是移动到鼠标指针所在位置，通过 将y坐标增加 10 修改不同的 y 值，丑小鸭与木板的相对位置就会出现不同。

y=–20   y=0   y=20

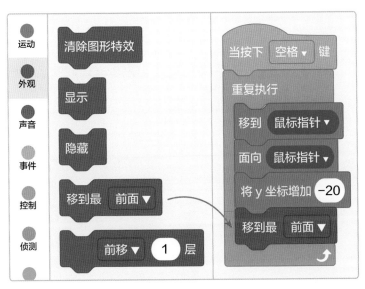

除此之外，可能还有小朋友会遇到丑小鸭在木板后面的情况。在"外观"类积木中点击并拖动 移到最 前面 ▼ 到脚本区，拼接在 将 y 坐标增加 -20 下方即可。

现在，舞台上丑小鸭手扶木板修缮围栏的感觉更为真实了。再次运行程序，赶快帮助老爷爷和丑小鸭完成这项工程吧！

在这里，我们收集到了第四个"编程秘诀"——角色显示层级调整。

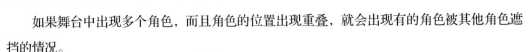

【编程秘诀 4】角色显示层级调整

如果舞台中出现多个角色，而且角色的位置出现重叠，就会出现有的角色被其他角色遮挡的情况。

在 Scratch 中，可以通过 移到最 前面 来修改角色在舞台中的显示层次，包括移动到最前面和移动到最后。

3 让保存成为习惯

恭喜你又完成了一个新作品，千万不要忘记将刚刚编好的程序保存在你的专属文件夹中。
你是不是也很期待那个用来装小程序的文件夹能早日被塞得满满当当的？

👑 思维导图大盘点

让我们用思维导图整理一下，看看这个编程任务是怎么完成的吧。

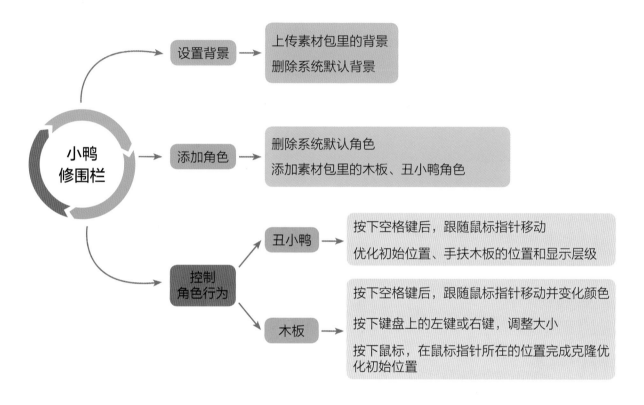

👑 挑战新任务

小朋友，彩色的围栏已经修好了，你一定也获得了满满的成就感。

让我们再接再厉，挑战刚刚学习过的编程秘诀，运用 Scratch 系统自带的素材进行编程吧！

今天，我们的进阶任务是：先绘制一个圆形角色，然后让这个角色可以实现克隆并变换颜色。接着动手玩玩这个游戏，搭建出一个彩色的心形造型。

怎样才能达成任务目标呢？结合前面所学的知识，想想看吧！

走出魔法森林

解锁新技能

🔓 键盘事件

🔓 背景切换

🔓 角色对话

丑小鸭因为帮助老爷爷修补好围栏而受到称赞和夸奖。其他的小鸭子们心里有些嫉妒。鸭姐姐说："哼，就爱出风头！"鸭哥哥提议直接把丑小鸭赶走，让它走得远远的。只要丑小鸭走了，它们就不用再听别人夸奖丑小鸭"是个热心的孩子""有一颗善良的心"之类的话了。

　　为了把丑小鸭赶走，而且再也不回来，鸭哥哥和鸭姐姐计划把它引到魔法森林去。据说这个魔法森林里长满了参天大树，像个迷宫一样，一旦走进去，就再也出不来了。

　　一天，丑小鸭被鸭哥哥和鸭姐姐误导，自己走进了魔法森林。

领取任务

尽管走出魔法森林困难重重，但是丑小鸭充满了信心和勇气。它告诉自己："解决问题最重要，不要慌，冷静找方向，一定能够走出魔法森林，回到美丽的池塘边。"

首先，我们要让丑小鸭处于魔法森林起点，静候出发命令。

然后，我们需要通过键盘的上下左右键引导丑小鸭穿越魔法森林。如果丑小鸭在行进中偏离主干道要及时提醒，不要让它碰到深绿色树木的树心，否则会被送回起点。

最后，让我们一起分享丑小鸭成功穿越魔法森林的快乐。

现在，就让我们借助 Scratch 帮助丑小鸭前进吧！

一步一步学编程

1 做好准备工作

我们要做好三方面的准备工作：

（1）准备好这个游戏需要的所有资源，它们在本书附带的下载资源"案例 5"文件夹中。

（2）为"走出魔法森林"新建项目。请注意，如果你刚刚用 Scratch 编写了其他程序，别忘了保存当前的项目再新建项目啊。

（3）在角色区选中小猫咪，点击右上角 🗑 按钮，将其删除。

全部准备工作做好了，开始编写属于自己的程序吧！

2 添加背景与角色

首先，我们将魔法森林和美丽池塘的背景布置在程序中，将丑小鸭请出场。

添加舞台背景

在背景区，将鼠标指向"选择一个背景"图标，弹出包含四个按钮的菜单，点击"上传背景"按钮。打开"2-5 案例素材"文件夹，依次选择"背景 1""背景 2"图片，点击"打开"按钮，设置好舞台的两张背景图片。

点击屏幕左上角的"背景"选项卡，在界面的左侧出现了三个背景，即"背景 1""背景 2"和"背景 3"。选中"背景 1"，点击右上角的 🗑 按钮，删除该默认背景。并将剩余的两个背景分别命名为"背景 1"和"背景 2"。▽

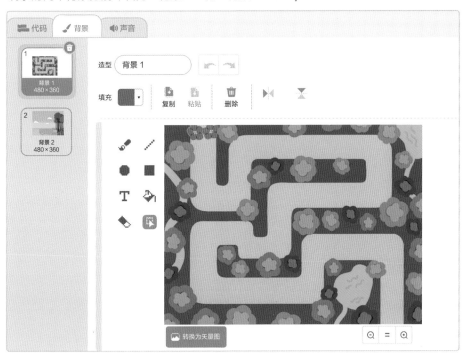

【小贴士】

要注意观察并记录好不同背景的名称，切换舞台背景图片的时候将用到这些信息哟。

添加角色

无论是魔法森林还是美丽池塘，都离不开丑小鸭的身影。

在角色区，将鼠标指向"选择一个角色"图标，弹出包含四个按钮的菜单，点击"上传角色"按钮。

打开"2-5案例素材"文件夹，选择"丑小鸭.sprite3"并添加。调整丑小鸭的大小为10，设置初始位置x的值为185，y的值为–150。

▷

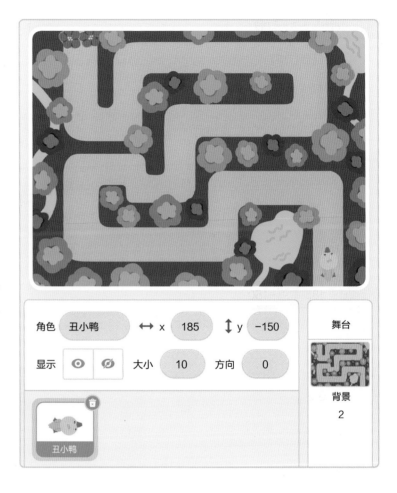

| 角色 | 丑小鸭 | ↔ x | 185 | ↕ y | –150 |

显示 ◉ ⊘　　大小 10　方向 0

舞台

背景 2

丑小鸭

3 设计与实现

我们已经布置好故事的两个场景，可是怎样才能让丑小鸭在魔法森林的场景顺利行进，怎样才能准确判断丑小鸭走到魔法森林终点或遇到险境呢？这就需要一些逻辑思维啦！

【故事逻辑和情节分析】

✿【情节1】丑小鸭处于魔法森林的入口，晃动身体跃跃欲试。

✿【情节2】丑小鸭受键盘上下左右键控制而行进。

✿【情节3】丑小鸭顺利走出魔法森林，见到一片美丽的池塘，并感叹："终于走出魔法森林了！"

✿【情节4】丑小鸭如果偏离魔法森林的主干道，就会发出"魔法森林说要吃掉我！"的提醒，如果碰到深绿色树木的树心就会被送回起点。

【情节 1】丑小鸭处于魔法森林的入口，晃动身体跃跃欲试。

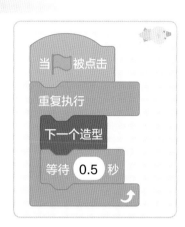

游戏启动后，丑小鸭在魔法森林的入口，做好动作要出发。

导入的丑小鸭角色已经包括了四个造型以及完成造型切换的代码。 ▷

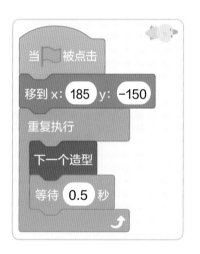

借鉴之前要给角色设定初始位置的经验，在这段代码中增加 移到 x: 185 y: -150 积木。

在"运动"类积木中点击并拖动 移到 x: 185 y: -150 到脚本区，拼接到 当 被点击 下方。 ◁

【情节 2】丑小鸭受键盘上下左右键控制而行进。

【想一想】

（1）丑小鸭有哪些动作？

丑小鸭有前进、后退、向左转、向右转的动作。

（2）怎样通过键盘控制丑小鸭的运动？

按键盘上键，控制丑小鸭前进；按键盘下键，控制丑小鸭后退；

按键盘左键，控制丑小鸭向左旋转；按键盘右键，控制丑小鸭向右旋转。

按键盘上键，控制丑小鸭前进。

▽ 点选角色区中的"丑小鸭"角色，在"事件"类积木中点击并拖动 [当按下 空格▾ 键] 到脚本区，将"空格"修改为"↑"。

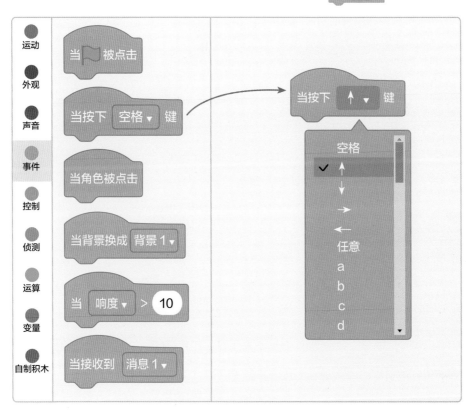

在"运动"类积木中点击并
拖动 [移动 10 步] 到脚本区拼接好。
▷

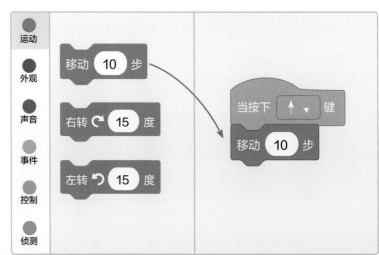

按键盘下键，控制丑小鸭后退。

该操作步骤与"按键盘上键，控制丑小鸭前进"类似。

在"事件"类积木中点击并拖动 当按下 空格▾ 键 到脚本区，将"空格"修改为"↓"。

在"运动"类积木中点击并拖动 移动 10 步 到脚本区拼接好，将数值修改为 -10。

按键盘左键，控制丑小鸭向左旋转。

该操作步骤与"按键盘上键，控制丑小鸭前进"类似。

在"事件"类积木中点击并拖动 当按下 空格▾ 键 到脚本区，将"空格"修改为"←"。

在"运动"类积木中点击并拖动 左转 ↺ 15 度 到脚本区拼接好，更改数值为 5。

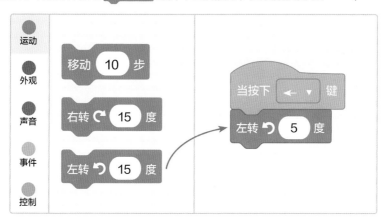

按键盘右键，控制丑小鸭向右旋转。

该操作步骤与"按键盘左键，控制丑小鸭向左旋转"类似。

在"事件"类积木中点击并拖动 当按下 空格▾ 键 到脚本区，将"空格"修改为"→"。

在"运动"类积木中点击并拖动 右转 ↻ 15 度 到脚本区拼接好，将数值修改为 5。

在这一步中，我们收集到了第一个"编程秘诀"——键盘事件。

【编程秘诀 1】键盘事件

键盘事件是指将某个键盘操作作为某个角色执行指定动作的触发条件。

在 Scratch 中，通过"事件"类积木 当按下 空格▾ 键 触发某个角色的某些行为。其中"空格"选项可以换成下拉列表中的其他选项。

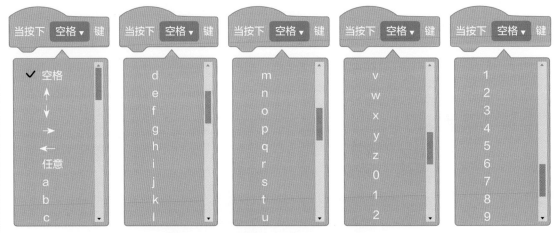

在本次任务中，丑小鸭的行进动作就是通过键盘事件触发的。

键盘输入	积木	丑小鸭动作
↑	当按下 ↑▾ 键 / 移动 10 步	前进
↓	当按下 ↓▾ 键 / 移动 −10 步	后退
←	当按下 ←▾ 键 / 左转 5 度	向左旋转
→	当按下 →▾ 键 / 右转 5 度	向右旋转

【情节3】丑小鸭顺利走出魔法森林，见到一片美丽的池塘，并感叹："终于走出魔法森林了！"

【想一想】

（1）如何判断丑小鸭顺利走出魔法森林？

观察魔法森林背景，会发现出口有特殊颜色的花朵。当丑小鸭碰到出口的特殊颜色时，即可判断其顺利走出魔法森林。因此将用到之前所介绍的条件判断与颜色侦测。

（2）如何实现丑小鸭见到美丽的池塘？

通过切换舞台背景图片，并根据图片将丑小鸭放置到合适位置。

根据以上分析，让我们来动手实现吧。

在"控制"类积木中，点击并拖动 到脚本区拼接好。 ▷

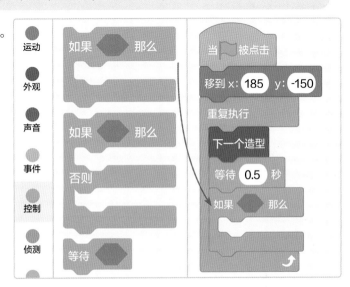

添加判定条件。先在"侦测"类积木中点击并拖动 到条件框。 ◁

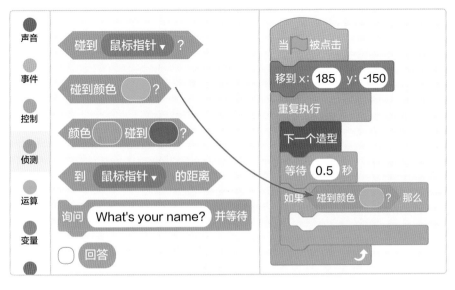

▽ 点击积木上的颜色块，选择拾色器。

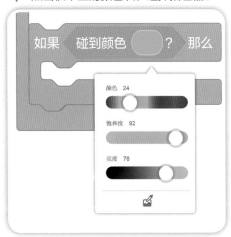

▽ 拾取魔法森林出口处花朵的颜色。

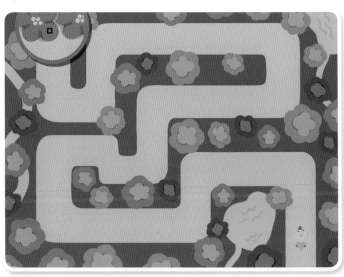

添加满足条件时的执行动作。在"外观"类积木中，点击并拖动 换成 背景1▾ 背景 到脚本区拼接好，并将"背景1"修改为"背景2"。 ▽

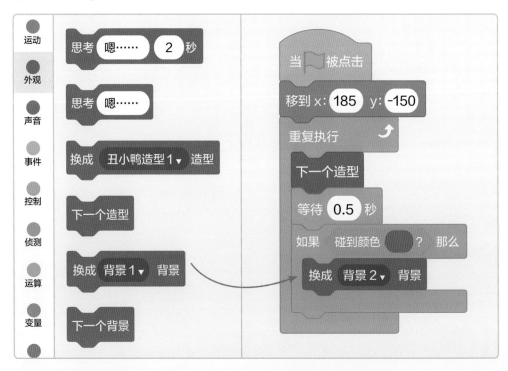

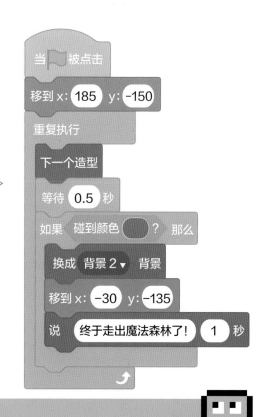

在魔法森林背景中，丑小鸭位于舞台左上角的终点位置。切换到池塘背景时，需要重新设定丑小鸭的位置。在"运动"类积木中，点击并拖动 移到x: 0 y: 0 到脚本区拼接好，将其值修改为 x=-30，y=-135。

在"外观"类积木中，点击并拖动 说 你好! 2 秒 到脚本区拼接好，将其文字改为"终于走出魔法森林了！"，时间修改为1秒。

在这一步中，我们收集到了第二个"编程秘诀"——背景切换。

【编程秘诀2】背景切换

变换不同的背景和切换角色的造型是相似的，背景也有不同的造型。通过背景的切换可以实现故事的连续性。

在 Scratch 中，通过"外观"类积木 换成 背景1▼ 背景 和 下一个背景 来实现。其中 换成 背景1▼ 背景 可以直接指定替换背景的名称，下一个背景 则按顺序出现下一个背景。

【情节4】丑小鸭如果偏离魔法森林的主干道，就会发出"魔法森林说要吃掉我！"的提醒，如果碰到深绿色树木的树心就会被送回起点。

丑小鸭偏离主干道会接到提醒。

【想一想】
如何判断丑小鸭偏离主干道？
观察魔法森林就可以发现，可行走区域与不可行走区域是不同的颜色。
每当丑小鸭偏离魔法森林的主干道，就要发出"魔法森林说要吃掉我！"的提醒。

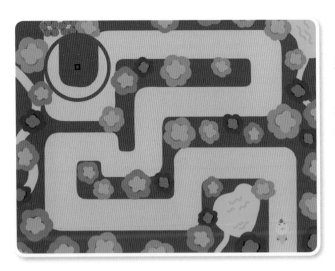

在"控制"类积木中点击并拖动 到脚本区,拼接在之前积木组合的下方。

添加判定条件。在"侦测"类积木中点击并拖动 碰到颜色 ? 到条件框,将颜色修改为不可行路径的棕色。注意不是树木的颜色哟。

添加判定条件满足时的执行动作。在"外观"类积木中点击并拖动 说 你好! 2 秒 到脚本区拼接好,将其文字改为"魔法森林说要吃掉我!"时间修改为 0.5 秒。

▷

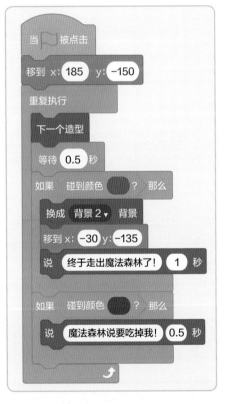

在这一步中,我们收集到了第三个"编程秘诀"——角色对话。

【编程秘诀 3】角色对话

在 Scratch 中,角色对话通过"外观"类积木 说 你好! 2 秒 来实现,以文本的方式表现出角色对话。你也可以通过更改"你好!"来指定说的内容,通过修改数字来更改文字呈现的时间。

丑小鸭如果碰到深绿色树木的树心就会被送回起点。

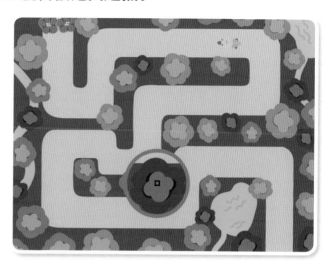

这部分的逻辑与"丑小鸭偏离主干道会接到提醒"类似，只是在条件部分，需要将 中的颜色修改为深绿色树木的树心颜色。 ▷

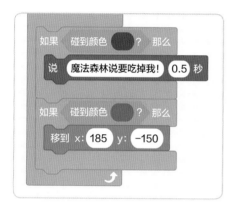

满足条件后，需要利用 移到 x: 0 y: 0 将丑小鸭的位置调整为初始位置，即 x 的值为 185，y 的值为 –150。 ◁

👑 运行与优化

1 程序运行试试看

按照下面的步骤来试一试自己的作品吧。

（1）按上、下键可以控制丑小鸭前进或后退，按左、右键可以指挥丑小鸭向左或向右转。

（2）在我们的控制下，如果丑小鸭偏离主干道，则会给出提示：魔法森林说要吃掉我！如果走入深绿色树木的树心，会被遣送回起点。

（3）在我们的控制下，如果丑小鸭走到终点的花朵处，就能看到美丽的池塘并发出感慨：终于走出魔法森林了！

2 作品优化与调试

本次编程用到了两个背景，这让我们有机会学习了新技能，作品优化与调试时还会再次应用这个新技能呢。

丑小鸭逃离了魔法森林，背景图片切换到美丽的池塘。这时候，当我们再次点击🚩按钮，会发现舞台背景始终是美丽池塘，而不再呈现魔法森林。这是因为我们并没有设定按下🚩按钮后的初始背景。

在"背景区"点击背景，将 当 被点击 设定为触发事件，从"外观"类积木中点击并拖动 换成 背景1▾ 背景 ，拼接在 当 被点击 下方。 ▷

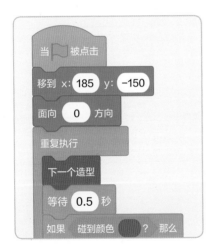

再次点击🚩按钮启动游戏，就会发现默认背景是魔法森林了。

除此之外，如果游戏中途停止，而此时丑小鸭不是正面朝上，就会发现即便我们点击🚩按钮重新启动游戏，丑小鸭回到初始位置后的面朝方向也是不对的。

◁ 在角色区点选"丑小鸭"角色，在"运动"类积木中点击并拖动 面向 90 方向 到脚本区，将90修改为0，拼接在移动到初始位置积木下方即可。

3 让保存成为习惯

祝贺你又顺利地完成了一个编程游戏！更要祝贺你不断养成分析、设计、实现并且调试优化程序的好习惯！

最后，还是跟以前一样，将编好的小程序保存到你的专属文件夹里，方便以后查找或者不断完善作品。

思维导图大盘点

让我们用思维导图整理一下，看看这个编程任务是怎么完成的吧。

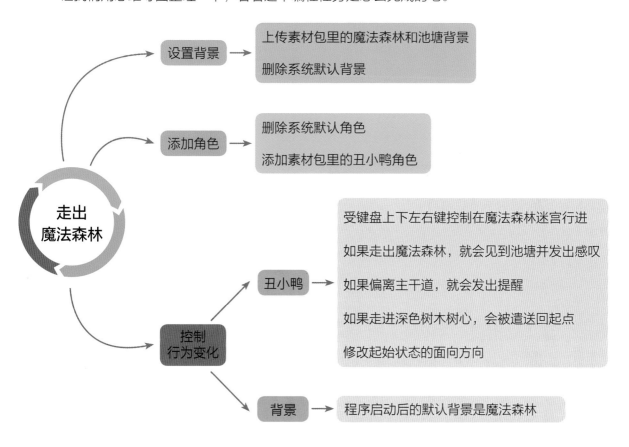

挑战新任务

接下来，请你利用 Scratch 的自带素材，开动脑筋创作另一个小游戏吧。

游戏的目标是：添加 Scratch 自带的 (Food Truck) 餐车角色，创设美食售卖车沿途售卖并抵达聚会地点的故事。

你将创设怎样的有趣故事，并怎样达成任务目标呢？利用本次学到的编程秘诀，想想看吧！

神秘的队列变换

解锁新技能

🔓 广播消息

🔓 接收消息

🔓 坐标系

转眼就到了秋天，天气越来越凉，丑小鸭开始担心魔法森林里其他被困住的小动物们：如果它们待在魔法森林里出不来，等到冬天下雪的时候就会被冻死或饿死在森林里。

　　要怎么才能救出被困的小动物呢？善良的丑小鸭开始想办法。它抬头望见天空中的天鹅们一会儿排成竖队，一会儿排成横队在天上飞。有了！它觉得自己想到了一个妙招儿。

　　丑小鸭找到天鹅，请它们帮忙在天空中为小动物们传递消息，指引被困的小动物走出魔法森林。天鹅们爽快地答应了。

👑 领取任务

丑小鸭把走出魔法森林的路线告诉了天鹅们。天鹅们一遍一遍地演练，记住了路线，立刻飞往魔法森林。怎么用 Scratch 完成这个空中传讯的剧情呢？

首先，要让丑小鸭给天鹅发送消息。

然后，要让天鹅接收到丑小鸭的消息。

最后，要让队列中的每只天鹅都按指定的坐标和路线飞行，完成人字形队列的变换。

现在，就让我们开启这全新的挑战吧！

👑 一步一步学编程

1 做好准备工作

我们要做好三方面的准备工作：

（1）准备好这个游戏需要的所有资源，它们在本书附带的下载资源"案例 6"文件夹中。

（2）为"神秘的队列变换"新建项目。请注意，如果你刚刚用 Scratch 编写了其他程序，别忘了保存当前的项目再新建项目。

（3）删除角色区的默认角色小猫咪。

2 添加背景与角色

我们的故事发生在池塘边，这儿有丑小鸭和一群天鹅。

添加舞台背景

我们要将毫无生机的空白舞台变换为美丽的池塘边。在背景区，选择"上传背景"按钮，打开"2-6案例素材"文件夹，选择"背景"图片，布置好舞台背景。记得把默认空白背景删掉哟！

添加角色

我们还需要将丑小鸭和天鹅邀请到舞台上。

　　添加丑小鸭角色。在角色区，点击"上传角色"按钮，打开"2-6案例素材"文件夹，选择"丑小鸭 .sprite3"，成功添加角色。

　　添加天鹅角色。在"2-6案例素材"文件夹选择"天鹅 .sprite3"，添加天鹅角色。调整天鹅在天空的位置，将其坐标修改为x=160，y=50。　▷

由于天鹅角色具有很多共同行为，可以先添加一只天鹅，等这只天鹅具备了所有天鹅都需要的相同积木后，再复制生成其他六只天鹅角色。

3 设计与实现

　　我们已经将美丽池塘边作为舞台，也请来了丑小鸭和天鹅。可是，如何让 Scratch 大显身手将路线传递给天鹅，并让天鹅展示队形变换呢？这就需要在丑小鸭和天鹅之间实现消息传递，还需要分析天鹅位置坐标与行动轨迹之间的逻辑关系啦。

【故事逻辑和情节分析】

✿【情节 1】游戏启动，天鹅按照一字形队列飞行。

✿【情节 2】点击丑小鸭，丑小鸭发送消息。

✿【情节 3】天鹅在接收到丑小鸭发送的消息后，会飞行到指定位置，变换队形为人字形。

【情节 1】游戏启动，天鹅按照一字形队列飞行。

【想一想】

如何实现天鹅按一字形队列飞行呢？

（1）需要天鹅反复执行扇动翅膀动作，即角色造型切换。

（2）需要为每只天鹅确定好位置并且面向统一方向。

可是目前我们只添加了一只天鹅角色。怎么办呢？不要着急，完成一只天鹅的所有积木后，只要对天鹅角色进行复制并调整位置坐标值就可以了。

天鹅扇动翅膀飞行。

天鹅飞行是由多个造型进行无限循环切换而形成的。导入的天鹅角色已经包括了这段代码。▽

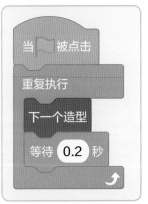

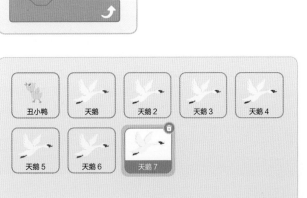

天鹅排成"一"字队形。

先确定天鹅的初始位置。点选角色区的"天鹅"角色，在"运动"类积木中点击并拖动 移到 x: 160 y: 50 到脚本区，拼接在上述代码 当 ▶ 被点击 的下方。

再设定天鹅的初始面向方向。在"运动"类积木中点击并拖动 面向 90 方向 到脚本区，拼接在 移到 x: 160 y: 50 下方。▽

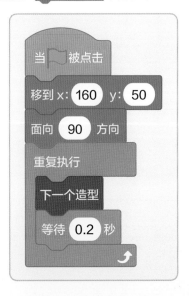

◁ 点选角色区的"天鹅"角色，点击右键后选择"复制"命令，复制出其他六只天鹅角色。

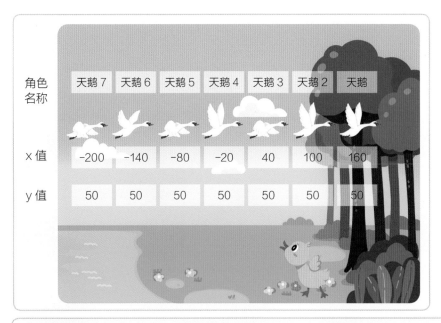

角色名称	天鹅7	天鹅6	天鹅5	天鹅4	天鹅3	天鹅2	天鹅
x 值	-200	-140	-80	-20	40	100	160
y 值	50	50	50	50	50	50	50

◁ 在舞台上将七只天鹅从左到右等间距一字排列，记录其坐标值，或者采取图上的这组坐标值。

复制的所有天鹅角色都具备了扇动翅膀、移动到初始位置以及面向90度方向这些积木。但是事实上，每只天鹅需要位于不同位置，按照刚才记录的坐标值，将每只天鹅的初始位置进行重新设定。▽

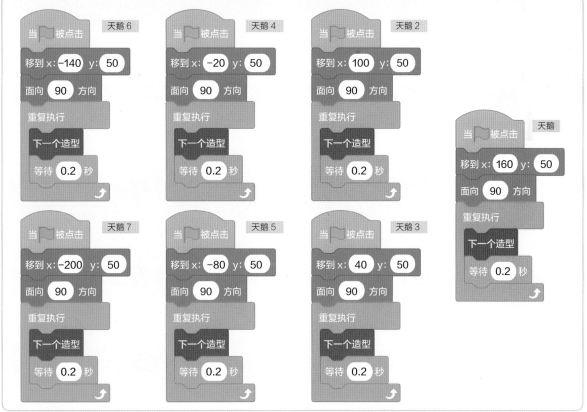

【情节2】点击丑小鸭，丑小鸭发送消息。

将 当角色被点击 作为触发事件，在丑小鸭嘴巴造型变换期间发送消息。

点选角色区的"丑小鸭"角色，在"事件"类积木中点击并拖动 当角色被点击 到脚本区。

在"外观"类积木中点击并拖动 下一个造型 到脚本区拼接好。

在"控制"类积木中点击并拖动 等待 1 秒 到脚本区拼接好，调整等待时间的数值为0.5。

在"外观"类积木中点击并拖动 下一个造型 到脚本区拼接好，恢复原来的造型。

将四个积木先后拼接到一起，模拟丑小鸭发出消息的嘴型变化效果。▷

为丑小鸭添加广播消息积木。在"事件"类积木中点击并拖动 广播 消息1▼ 到脚本区，拼接在第一个 下一个造型 下方。

为了更好地查找传递的信息，我们可以给消息起一个容易理解的名称。来看一下是怎么做的吧。

点击"消息1"，在弹出的下拉列表中选择"新消息"。▷

弹出"新消息"对话框,输入新消息名称"魔法森林路线 - 变人字形",点击"确定"按钮。 ▷

新消息

新消息的名称:

魔法森林路线 - 变人字形

取消　确定

此时,形成了丑小鸭发送消息的完整积木组。 ▷

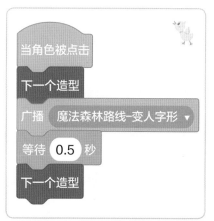

在这一步中,我们收集到了第一个"编程秘诀"——广播消息。

【编程秘诀1】广播消息

消息是指不同角色之间传递的一种信息指令。广播消息可以是"一对一"传播,也可以是"一对多"传播。消息通过广播者发出,同时有对应的接收者,接收者接收到消息后会执行相应的指令。

在 Scratch 中,通过 广播 消息1 和 广播 消息1 并等待 广播消息,后者将等待消息被接收后再执行后续的积木。

【情节3】 天鹅在接收到丑小鸭发送的消息后,会飞行到指定位置,变换队形为人字形。

【想一想】

如何实现天鹅以人字形队列飞行?

(1)每只天鹅根据自己所在位置进行队形切换,其飞行并变换队形具有规律。

(2)第一只天鹅角色不需要变换位置,因此不需要接收消息。天鹅2到天鹅7需要接收消息并实现位置变换。

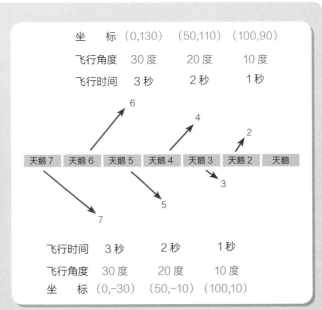

(3) 为了增强天鹅2到天鹅7飞行过程中的真实性，需要根据其飞行路线进行飞行角度的设置，并且设置好飞行到指定位置的时间。▷

(4) 天鹅2到天鹅7飞行到指定位置后，恢复初始的面向方向。

下面对天鹅2的实现过程进行详细解释，其他五只天鹅的实现过程与此类似。

实现天鹅2接收消息并做相应动作。

▽ 点选角色区的"天鹅2"角色，在"事件"类积木中点击并拖动 当接收到 魔法森林路线－变人字形▼ 到脚本区。

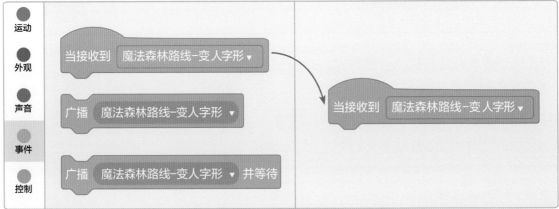

在"运动"类积木中点击并拖动 左转 ↺ 15 度 到脚本区，将数值修改为 10。

在"运动"类积木中点击并拖动 在 1 秒内滑行到 x: 100 y: 50 到脚本区，修改 x 为 100，y 为 90。

在"运动"类积木中点击并拖动 右转 ↻ 15 度 到脚本区，将数值修改为 10，实现飞到指定位置后恢复面向前方。

将四个积木先后拼接到一起。▷

运行程序试试，点击丑小鸭后，角色"天鹅 2"已经能够接收消息并飞行到指定位置了吧？

在这一步中，我们收集到了第二个"编程秘诀"——接收消息。

【编程秘诀 2】接收消息

接收消息是指角色接收到指定的广播消息，然后根据消息的不同做出不同的反应。

在 Scratch 中，可以通过 当接收到 消息1▼ 接收消息并执行后续行为。

在这一步中，我们还收集到了第三个"编程秘诀"——坐标。

【编程秘诀 3】坐标

在 Scratch 中，角色通过坐标体现其具体的位置。

从左向右，x 坐标值逐渐增大，最大为 240；从右往左，x 坐标值逐渐减小，最小为 –240。

从下往上，y 坐标值逐渐增大，最大为 180；从上往下，y 坐标值逐渐减小，最小为 –180。

指定具体的 x 值和 y 值，就能精确定位角色在舞台的位置。

在 Scratch 中，可以通过 移到 x: 0 y: 0 和 在 1 秒内滑行到 x: 0 y: 0 实现角色移动到指定位置，后者可体现出动态效果。

其他天鹅接收消息并执行相应动作。

其他天鹅接收消息并执行相应动作的原理与"天鹅2"相同,所以首先我们可以将"天鹅2"的这段代码拖到其他角色中,然后按照之前的约定修改旋转角度、飞行时间、飞行坐标即可。

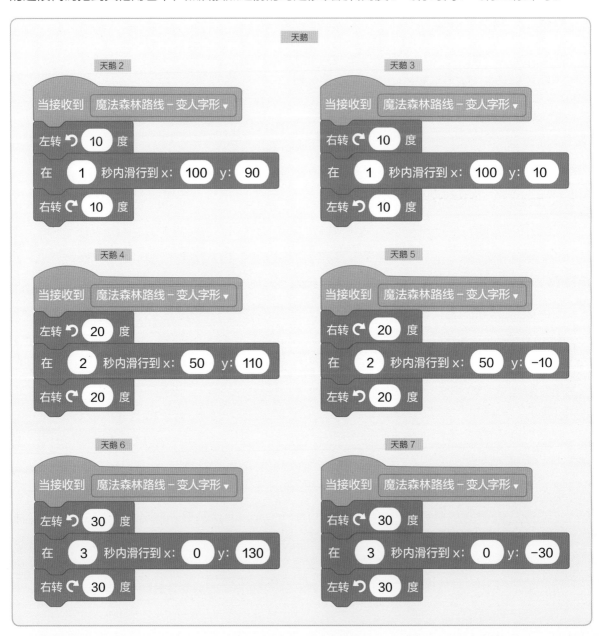

运行与优化

1 程序运行试试看

你是不是已经迫不及待了，想要运行一下这个程序呢？按照下面的步骤来试一试吧。

（1）点击 ⚑ 按钮，天鹅按照一字形队列飞行。

（2）用鼠标点击丑小鸭，丑小鸭发送路线消息，天鹅们有条不紊地由一字形队列变为人字形队列飞行。

2 作品优化与调试

程序运行后，点击丑小鸭，观赏美丽天鹅的队形变换，你是不是感觉到自己的编程技能和逻辑思维都有很大进步呢。可是，如果我们继续点击丑小鸭，会发现天鹅们在空中原地旋转，这可不是我们希望的效果哟。接下来，咱们一起来分析并解决这个问题。

产生这个现象是因为，当我们继续点击丑小鸭，丑小鸭会继续发出消息"魔法森林路线－变人字形"，天鹅们会接收这个消息进而在滑动到的位置进行旋转。

为了解决这个问题，我们可以这样做：为"是否完成队形变换"设置一个信号。如果信号值为0，点击丑小鸭会广播消息"魔法森林路线－变人字形"，并修改信号值为1；如果信号值为1，即便点击丑小鸭也不会广播消息。

首先，为信号值设定初始值。

在角色区中点选"丑小鸭"角色，在"事件"类积木中点击并拖动 当 ▶ 被点击 到脚本区。

在"变量"类积木中点击并拖动 将 我的变量 ▼ 设为 0 到脚本区，拼接在下方。▽

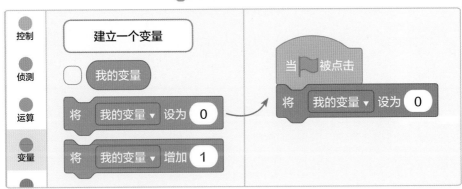

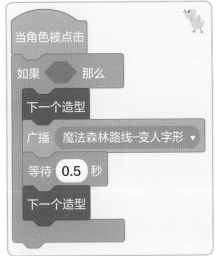

然后，根据信号值确定丑小鸭行为。

在角色区中点选"丑小鸭"角色，在"控制"类积木中点击并拖动 如果 那么 到脚本区，嵌套 当角色被点击 后面的所有积木。

在"运算"类积木中，点击并拖动 ◯ = 50 作为判定条件。▷

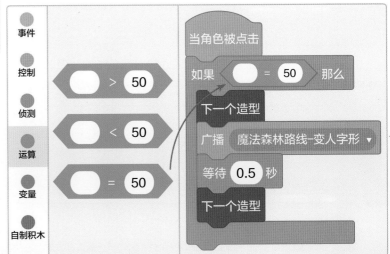

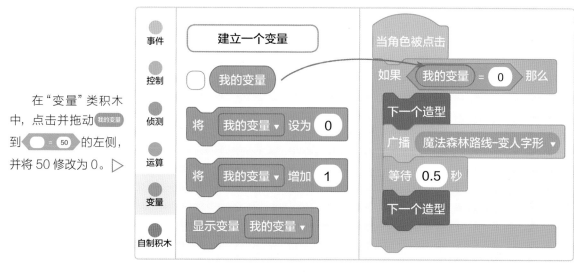

在"变量"类积木中，点击并拖动 我的变量 到 = 50 的左侧，并将 50 修改为 0。▷

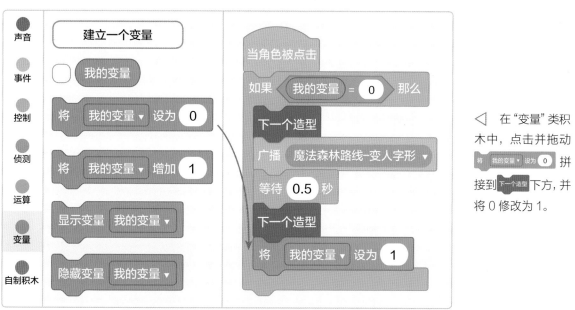

◁ 在"变量"类积木中，点击并拖动 将 我的变量 ▼ 设为 0 拼接到 下一个造型 下方，并将 0 修改为 1。

再次运行程序，无论我们怎样点击丑小鸭，都不会再出现天鹅在空中转圈飞行的情况啦。

3 让保存成为习惯

恭喜你，又顺利地完成了一个小程序！更要祝贺你能够更深入地进行问题分析与解决！

别忘了，将编好的程序保存到你的专属文件夹，方便以后查找或者不断完善作品。

思维导图大盘点

让我们用思维导图整理一下，看看这个编程任务是怎么完成的吧。

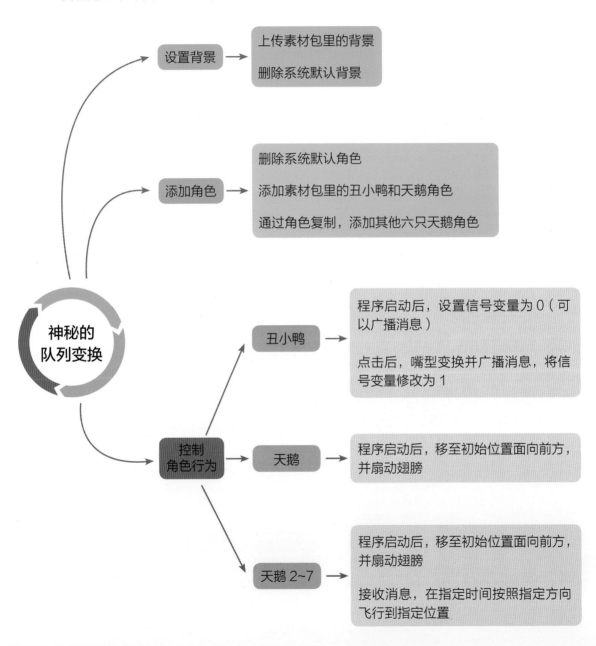

设置背景 → 上传素材包里的背景

删除系统默认背景

添加角色 → 删除系统默认角色

添加素材包里的丑小鸭和天鹅角色

通过角色复制，添加其他六只天鹅角色

神秘的队列变换 → 控制角色行为

丑小鸭 → 程序启动后，设置信号变量为0（可以广播消息）

点击后，嘴型变换并广播消息，将信号变量修改为1

天鹅 → 程序启动后，移至初始位置面向前方，并扇动翅膀

天鹅 2~7 → 程序启动后，移至初始位置面向前方，并扇动翅膀

接收消息，在指定时间按照指定方向飞行到指定位置

挑战新任务

小朋友，接下来请你利用 Scratch 自带素材，完成一个天使指挥换装的游戏。

游戏的目标是：点击小天使广播换装消息，小女孩和裙子接收消息后会同时改变造型从而实现小女孩的换装。

怎样达成任务目标呢？结合前面所学的知识，想想看吧！

破解画图秘法

解锁新技能

- 🔓 定义自制积木
- 🔓 调用自制积木
- 🔓 画笔绘制
- 🔓 画笔设置
- 🔓 多条件分支

丑小鸭看起来呆萌呆萌的，可是它喜欢学习，十分聪明。很多事情它只要看一遍，就学会了。比如鸭妈妈教大家捕小鱼、小虾，丑小鸭学得快、抓得好，鸭妈妈一个劲儿地夸它。其他的小鸭们又嫉妒又生气，可是也没办法。

　　这天早上，鸭妈妈又带着孩子们到池塘里捉小鱼吃。丑小鸭很快就吃饱了，它跟鸭妈妈打了声招呼，就游上了岸，准备去找点儿新鲜的事情做。

　　沙地边有一只小黄鸡，正拿着一根小树枝在沙地上画着什么。

　　"你在干什么呀？"丑小鸭好奇地走过去问。

　　小黄鸡头也不抬地说："我正在画三角形呢。它是三条边都一样长的三角形哟。"

　　丑小鸭说："那不是等边三角形吗？有意思，我也想试试！"

　　小黄鸡高兴地抬起头来，说："太好了，你连'等边三角形'的名字都知道，一定也能画好吧？快试一试，跟我一起来画吧！"

🐱 领取任务

小朋友,你知道等边三角形有哪些小秘密吗?等边三角形的三条边是一样长的,三个内角都是 60 度。这些秘密能够帮助我们快速破解画图秘法。

为了分别帮小黄鸡和丑小鸭绘制出等边三角形,要怎么做呢?

首先,需要两个小主角都能给树枝发送画图的消息。

然后,根据刚刚提到的秘密,小黄鸡和丑小鸭绘制三角形的过程是相同的,可以共享代码,这样就避免了积木的重复拼接。

最后,树枝接收消息后,根据广播发出者的不同进行相应的个性化设置,然后开始绘制。

聪明的小朋友,接下来让我们一起通过编程,帮助丑小鸭快速学会"绘制等边三角形"的方法吧!

🐱 一步一步学编程

1 做好准备工作

我们依然要先做好准备工作:

(1)准备好这个游戏需要的所有资源,它们在本书附带的下载资源"案例 7"文件夹中。

(2)为"破解画图秘法"新建项目。请注意,如果你刚刚用 Scratch 编写了其他程序,别忘了保存当前的项目再新建项目。

(3)删除角色区的默认角色小猫咪。

2 添加背景与角色

我们的故事发生在沙地上，这儿有小黄鸡、丑小鸭，还有一根用来画画的树枝。

添加舞台背景

我们要将毫无生机的空白舞台变换为沙地。在背景区，点击"上传背景"按钮，打开"2-7 案例素材"文件夹，选择"背景"图片，布置好舞台背景。记得把默认背景删掉哟!

添加角色

在沙地上添加丑小鸭、小黄鸡、树枝三个角色。在角色区，点击"上传角色"按钮，打开"2-7 案例素材"文件夹，依次选择并添加丑小鸭、小黄鸡和树枝三个角色，并调整角色的大小与位置。尤其要关注树枝的位置，因为每次绘制完毕后需要将其恢复到初始位置。

丑小鸭和小黄鸡的角色已经各带有一段代码，设定程序启动后都是面向我们的造型。

3 设计与实现

我们已经将沙地作为舞台，也请来了丑小鸭、小黄鸡和树枝。现在我们就需要 Scratch 大显身手，演绎丑小鸭向小黄鸡学习画等边三角形的过程了。如何才能实现丑小鸭和小黄鸡分别利用树枝绘制出等边三角形呢? 这就需要一些逻辑思维能力啦!

【故事逻辑和情节分析】

✿ 【情节 1】小黄鸡和丑小鸭广播绘图消息。

✿ 【情节 2】树枝被赋予等边三角形绘制的共同过程。

✿ 【情节 3】树枝接收消息后，根据消息发出对象的不同进行个性化的三角形绘制。

【情节1】小黄鸡和丑小鸭广播绘图消息。

【想一想】
(1) 如何实现丑小鸭、小黄鸡与树枝之间的信息传递？
需要"消息"的广播和接收。
(2) 什么时候进行"消息"的广播呢？
当我们点击丑小鸭、小黄鸡的时候，将广播绘图消息。

点击丑小鸭后，丑小鸭广播消息。

还记得上次任务中我们怎样让丑小鸭给天鹅发送消息的吗？这次的操作过程和上次类似，但是要增加一个丑小鸭转身的造型变化。

点选角色区中的"丑小鸭"角色，设置 当角色被点击 为触发事件，在"外观"类积木中点击并拖动三个 下一个造型 到脚本区，并用两个"控制"类积木 等待 1 秒 插入 下一个造型 中间，调整等待时间的数值为0.3。将五个积木先后拼接到一起，模拟丑小鸭转身发出消息并转过身的效果。 ▷

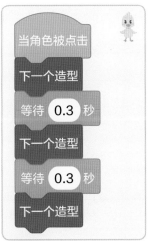

在"事件"类积木中点击并拖动 广播 消息1▼ 到脚本区，拼接在第一个 等待 0.3 秒 下方。 ▷

点击"消息1"，在弹出的下拉列表中选择"新消息"，弹出新建消息对话框，输入消息的名称"绘制三角形－丑小鸭"，点击"确定"按钮，形成了丑小鸭发送消息的完整积木组。

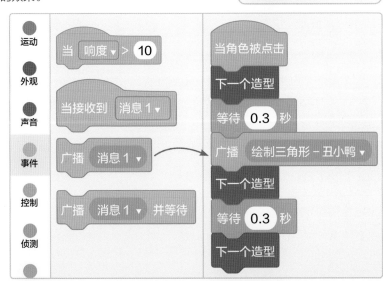

点击小黄鸡后，小黄鸡广播消息。

小黄鸡广播消息的实现过程和丑小鸭相同，可以将丑小鸭的这段代码拖到角色区"小鸡"中，然后进行修改。

【小贴士】
成功将这段代码拖给小黄鸡时，角色区的小黄鸡图标会晃动一下哟。

点击  广播 绘制三角形-丑小鸭 ▼ 的文字部分，在下拉列表中选择"新消息"，弹出"新消息"对话框，输入消息的名称"绘制三角形-小黄鸡"，点击"确定"按钮。 ▷

这样，刚才为丑小鸭搭建的积木组就转变为小黄鸡的广播消息积木组了。 ▽

新消息

新消息的名称：

绘制三角形-小黄鸡

取消　　确定

当角色被点击

下一个造型

等待 0.3 秒

广播 绘制三角形-小黄鸡 ▼

下一个造型

等待 0.3 秒

下一个造型

【小贴士】

注意积木组合旁边的角色图片了吗，要给小黄鸡和丑小鸭添加标注了自己名字的消息哟。

【情节2】树枝被赋予等边三角形绘制的共同过程。

【想一想】

树枝要实现丑小鸭广播的"绘制三角形－丑小鸭"和小黄鸡广播的"绘制三角形－小黄鸡"，二者有怎样的异同呢？

确定三角形绘制起点位置、画笔颜色及粗细是个性化的，但是绘制三角形的过程是相同的。 ▷

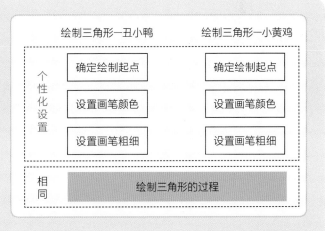

不妨将绘制三角形的过程单独实现，赋予树枝。然后丑小鸭和小黄鸡都通过广播消息让树枝调用这段共同积木。

点选角色区的"树枝"角色，在"自制积木"类指令下点击 制作新的积木 按钮。 ▽

▽ 在弹出的对话框中，输入新积木名称"绘制等边三角形"。

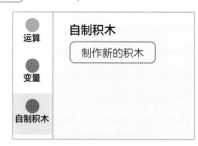

点击"完成"按钮后，在脚本区出现新的积木。▷

但是这个新积木并没有任何功能，接下来添加积木组，完成绘制等边三角形的过程。

【想一想】

绘制三角形的过程应该是怎样的呢？

需要包括如下步骤：

(1) 画笔（树枝）落下。

(2) 连续完成三条边（边长相等）的绘制，每绘制完一条边需要旋转120度。

(3) 画笔（树枝）抬起。

(4) 画笔（树枝）回到初始位置。

在 Scratch 界面左下方点击 ◻ 图标，调出"选择一个扩展"对话框，选择"画笔"选项，将"画笔"类指令添加到指令区。 ▷

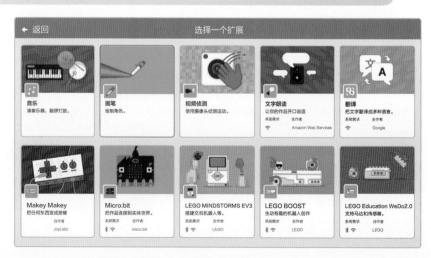

在"画笔"类积木中选择并拖动 ✏ 落笔 到脚本区拼接好。 ▽

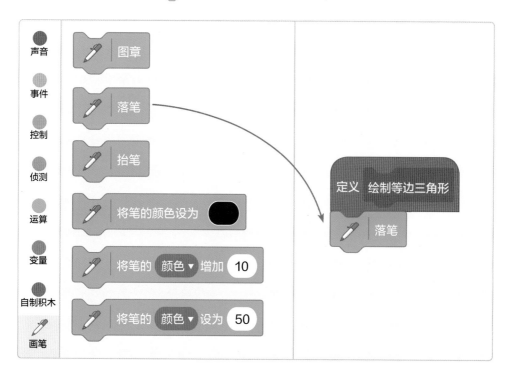

怎么绘制等边三角形呢?

首先,在"运动"类积木中点击并拖动 右转 C 15 度 到脚本区,将数值修改为 120。

然后,在"运动"类积木中点击并拖动 移动 10 步 到脚本区,将数值修改为 100,设定好"边长"。

接着,在"控制"类积木中点击并拖动 等待 1 秒 到脚本区,将数值修改为 0.5。

最后,在"控制"类积木中点击并拖动 重复执行 10 次 到脚本区,将前面三个积木嵌套进去并拼接好,并将重复执行的次数修改为 3 次,也就是绘制 3 次边长。 ▷

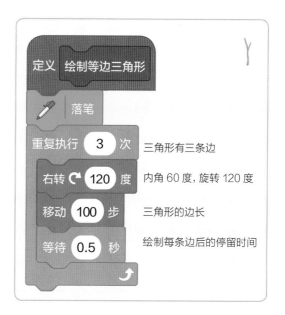

在"画笔"类积木中选择 抬笔，拖动到脚本区拼接好，抬笔后就不会绘制出不需要的线条了。

画笔回到初始位置。在"运动"类积木拖动 移到 x:3 y:39 和 面向 90 方向 到脚本区，拼接到 抬笔 下方。▽

在这一步中，我们收集到了第一个"编程秘诀"——定义自制积木。

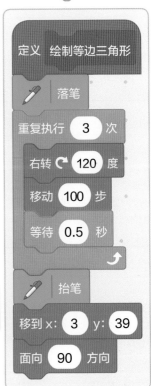

【编程秘诀 1】定义自制积木

定义自制积木是指自己定义了一个新的积木，并确定好这个积木内部的指令执行过程。

在 Scratch 中，可以利用 自制积木 中的 制作新的积木 按钮，根据需要进行积木的自定义。

在这一步中，我们也收集到了第二个"编程秘诀"——画笔绘制。

【编程秘诀 2】画笔绘制

画笔绘制是通过设置画笔的绘制路径，进行图画绘制。

在 Scratch 中，可以利用"画笔"类积木中 落笔 和 抬笔 分别控制画笔落下和抬起，利用"运动"类积木完成画笔路径控制，利用 全部擦除 清除所有绘画笔迹。

【情节 3】树枝接收消息后，根据消息发出对象的不同进行个性化的三角形绘制。

当树枝接收消息后，会根据消息不同的发出对象，对画笔进行个性化设置，再实现个性化三角形绘制。

接收消息"绘制三角形 - 丑小鸭"。

点选角色区的"树枝"角色，在"事件"类积木中点击并拖动 当接收到 绘制三角形 - 丑小鸭 到脚本区。

初始化画笔起始位置。在"运动"类积木中点击并拖动 移到 x:3 y:39 到脚本区拼接好，修改 x 值为 150，y 值为 -50。▷

设置画笔颜色。在"画笔"类积木中点击并拖动 将笔的颜色设为 到脚本区拼接好，点击其中的颜色椭圆，在所弹出的选色窗口中点击最下方的拾色器。将颜色选定为舞台上丑小鸭的颜色。▷

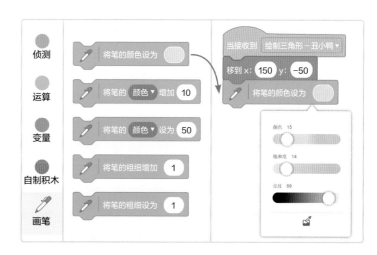

▽ 设置画笔粗细。在"画笔"类积木中点击并拖动 将笔的粗细设为 1 到脚本区拼接好，将数值修改为 5。

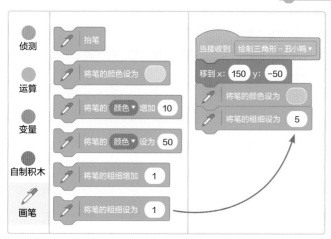

调用刚刚定义的"绘制等边三角形"自制积木。在"自制积木"类中点击并拖动 绘制等边三角形 到脚本区拼接好。▽

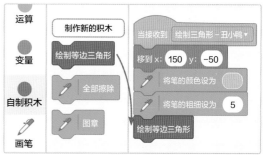

接收消息"绘制三角形 – 小黄鸡"。

实现"绘制三角形 – 小黄鸡"的操作过程与实现"绘制三角形 – 丑小鸭"相同，可以选择刚刚搭建好的积木组，然后点击右键选择"复制"，复制出一个完全一样的积木组。但是需要修改这个积木组的不同设置。

选择消息名称为"绘制三角形 – 小黄鸡"；修改 x，y 值均为 -50；画笔颜色修改为小黄鸡的颜色；笔的粗细为 3。▷

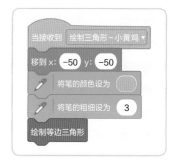

在这一步中，我们收集到了第三个"编程秘诀"——调用自制积木。

【编程秘诀 3】调用自制积木

在定义自制积木后，通过调用自制积木，就可以让角色执行自制积木的所有指令。

在 Scratch 中，从"自制积木"类指令中可以找到所有自定义的自制积木，并派遣角色完成指定任务。

本游戏中，我们利用 绘制等边三角形 调用了自定义积木，就不需要再为丑小鸭和小黄鸡接收消息后重复搭建同样的积木组了。

在这一步中，我们也收集到了第四个"编程秘诀"——画笔设置。

【编程秘诀 4】画笔设置

利用"画笔"类积木中的 将笔的颜色设为 进行画笔颜色设置，利用 将笔的粗细设为 1 进行画笔粗细设置，从而增加绘画效果的个性化和趣味性。

♕ 运行与优化

1 程序运行试试看

按照下面的步骤来试一试自己刚刚完成的作品吧。

（1）点击 ▶ 按钮，启动游戏。

（2）点击小黄鸡，小树枝按照小黄鸡的"想法"绘制等边三角形。

（3）点击丑小鸭，小树枝按照丑小鸭的"想法"绘制等边三角形。

2 作品优化与调试

小朋友，你是不是已经逐渐习惯了运行程序后分析还有哪些细节需要进一步优化与调试呢？这一次，你观察到了什么问题？这个小程序有两个问题需要你来帮忙解决。

问题 1：重启程序后绘制图形不消失或者树枝没有回到原始位置。

再次点击 🚩 按钮启动程序，我们会发现，点击丑小鸭和小黄鸡后，先前绘制的图形不会消失。而且如果中途停止程序，树枝也不会回到原始位置。因此，需要在每次程序重新启动后，擦除所有绘制内容，并让树枝归位。

怎么操作呢？来跟着学一学吧。

点选角色区中的"树枝"角色，将 当🚩被点击 作为触发事件，在"画笔"类积木中点击并拖动 🖊全部擦除 到脚本区，拼接在 当🚩被点击 下方。

在"运动"类积木中点击并拖动 移到x: 3 y: 39 和 面向 90 方向 到脚本区拼接好。

问题 2：中断后的绘画过程不完整。

点击 🚩 按钮启动程序后，点击小黄鸡开始绘制三角形，如果在它没有画完的时候就点击丑小鸭，就会出现绘图失误的情况；同样，点击丑小鸭开始绘制三角形，如果在它没有画完的时候就点击小黄鸡，也会出现绘图失误的情况。

为了解决这个问题，需要在程序中确保在同一时间只有一个角色在进行绘图。一个角色没有完成绘图时，另一个角色不可以开始绘图。

可以设置一个信号来标示目前是小黄鸡正在绘图或者是丑小鸭正在绘图，还是没有角色在绘图。设定信号值为 1，表示丑小鸭正在绘图，这个时候点击小黄鸡，小黄鸡就应该等待；设定信号值为 2，表示小黄鸡正在绘图，即便点击丑小鸭，丑小鸭也应该等待；设定信号值为 0，表示没有角色在绘图，这时候无论哪个角色被点击都可以进行绘制。

为了实现这个过程，还要进行一些操作：如果点击的是小黄鸡，小黄鸡应该首先将信号值修改为 2，表示自己在绘图，绘制完后需要修改信号值为 0；如果点击的是丑小鸭，丑小鸭应该首先将信号值修改为 1，表示自己在绘图，绘制完后需要修改信号值为 0。

特别提示的是，因为我们要在发送消息前后修改信号值，因此需要将 `广播 绘制三角形 - 小黄鸡 ▼` 修改为 `广播 绘制三角形 - 小黄鸡 ▼ 并等待`；将 `广播 绘制三角形 - 丑小鸭 ▼` 修改为 `广播 绘制三角形 - 丑小鸭 ▼ 并等待`。

（1）为信号值设定初始值。

在角色区点选"树枝"角色，在"变量"类积木中点击并拖动 `将 我的变量 ▼ 设为 0` 到脚本区拼接好。

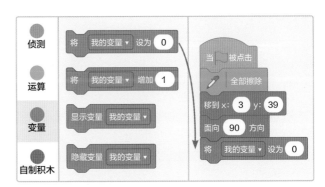

（2）结合信号值确定丑小鸭的行为。

在角色区点选"丑小鸭"角色，在"控制"类积木中点击并拖动 `如果 那么 否则` 到脚本区，拼接到 `当角色被点击` 后面，将丑小鸭转身和广播消息的积木组嵌套在"否则"分支之后。

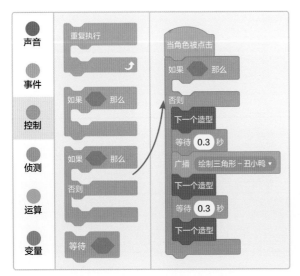

在"运算"类积木中，点击并拖动 `○ = 50` 作为判定条件。

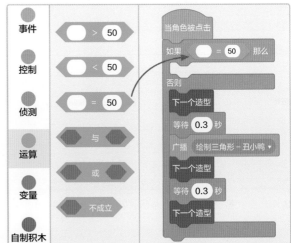

在"变量"类积木中，点击并拖动 我的变量 到 ⬭ = 50 的左侧，并将 50 修改为 2。▽

在"外观"类积木中，点击并拖动 说 你好！2 秒 到脚本区拼接到"那么"之后，将"你好！"修改为"请小黄鸡先画完。"并将 2 修改为 0.5。▽

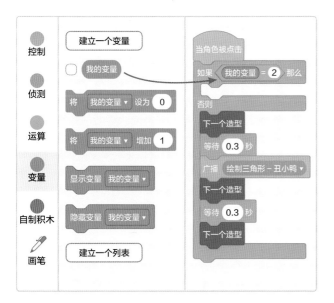

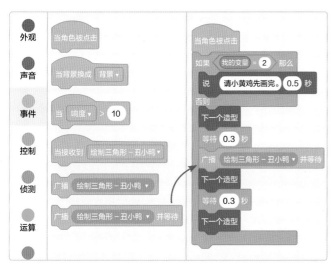

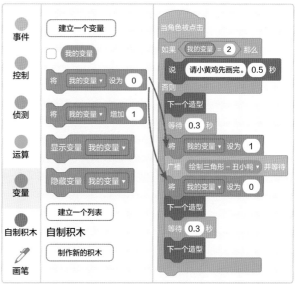

△ 在"事件"类积木中，点击并拖动 广播 绘制三角形-丑小鸭 并等待 替换 广播 绘制三角形-丑小鸭 。如果目前的消息名称不是"绘制三角形-丑小鸭"，点击消息名称可以进行选择和修改。

△ 在"变量"类积木中，点击并拖动两个 将 我的变量 设为 0 拼接到 广播 绘制三角形-丑小鸭 并等待 上方和下方，并将第一个积木的 0 修改为 1。

（3）结合信号值确定小黄鸡的行为。

　　在角色区点选"小鸡"角色，用同样的方法完成积木拼接。不要忘记：

　　将条件框中判定条件修改为"我的变量 =1"；修改小黄鸡的对话内容为"请丑小鸭先画完。"；将广播消息前的"我的变量"值修改为 2；需要用 [广播 绘制三角形－小黄鸡▼ 并等待] 替换 [广播 绘制三角形－小黄鸡▼]。

　　再次运行程序，无论我们在哪种情况下点击丑小鸭或小黄鸡，都会有秩序地轮流绘画，不会出现图片混乱的情况啦。

　　在这一步中，我们收集到了第五个"编程秘诀"——多条件分支。

【编程秘诀 5】多条件分支

　　判断某个条件是否满足，在满足和不满足的情况下角色将执行不同的操作。

　　在 Scratch 中，可以通过 实现条件判断后执行不同的操作。如果条件成立，就运行嵌入"那么"分支后面的积木；否则，就运行嵌入"否则"分支后面的积木。

　　在这个游戏中，无论丑小鸭还是小黄鸡，都是根据"我的变量"值的不同而执行不同的指令分支——发布等待的消息或者是广播绘图消息。

3 让保存成为习惯

　　现在，要恭喜你已经顺利地完成了"破解画图秘法"任务啦！同时，还要祝贺你能够在问题解决过程中分析并提取共性方法，自制积木，这是非常重要的一种编程思维哟。

　　你依然需要将程序保存到你的专属文件夹，方便以后查找或者不断完善作品。

👑 思维导图大盘点

让我们用思维导图整理一下，看看这个编程任务是怎么完成的吧。

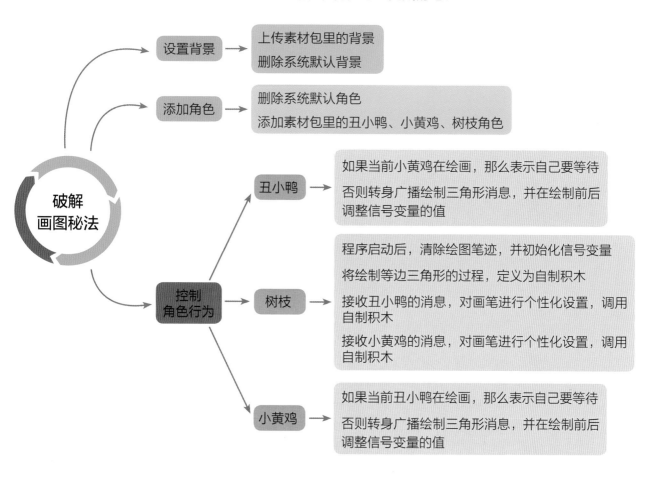

破解
画图秘法

设置背景 → 上传素材包里的背景
删除系统默认背景

添加角色 → 删除系统默认角色
添加素材包里的丑小鸭、小黄鸡、树枝角色

控制
角色行为

丑小鸭 → 如果当前小黄鸡在绘画，那么表示自己要等待
否则转身广播绘制三角形消息，并在绘制前后调整信号变量的值

树枝 → 程序启动后，清除绘图笔迹，并初始化信号变量
将绘制等边三角形的过程，定义为自制积木
接收丑小鸭的消息，对画笔进行个性化设置，调用自制积木
接收小黄鸡的消息，对画笔进行个性化设置，调用自制积木

小黄鸡 → 如果当前丑小鸭在绘画，那么表示自己要等待
否则转身广播绘制三角形消息，并在绘制前后调整信号变量的值

👑 挑战新任务

小朋友，接下来请你利用 Scratch 自带素材，应用本次学习的编程秘诀完成一个在沙滩上画嵌套正方形的游戏。

游戏的目标是：点击扫帚后，扫帚连续两次调用画正方形自制积木绘制嵌套正方形。

怎样才能达成任务目标呢？结合前面所学的知识，开动脑筋思考吧！

辨认新朋友

解锁新技能

🔓 全局变量

🔓 等待条件满足

🔓 局部变量

丑小鸭终于有了新朋友——一对双胞胎松鼠兄弟。

可是丑小鸭总是分不清谁是松鼠哥哥，谁是松鼠弟弟，因为它们长得简直是一模一样。

这天，松鼠哥哥对丑小鸭说："我是松鼠哥哥，我想请你和我一起去采松果，储备过冬的口粮。"不一会儿，松鼠弟弟也来对丑小鸭说："我是松鼠弟弟，我想请你帮我去掘土，把松果埋在地下保存起来。"

丑小鸭想和松鼠哥哥去采松果，可是两只松鼠站在一起，它左看看，右看看，又分不清谁是谁了。

领取任务

分辨双胞胎还真不是件容易的事情。不过，丑小鸭拿出十足的耐心，上上下下仔细地打量着它们。细心观察之后，丑小鸭发现松鼠兄弟在头发、鼻子和尾巴上有明显的不同。让我们借助 Scratch 来实现这个找不同的过程吧。两只松鼠中我们将选定画面左侧的一只作为观察对象。

首先，找到不同之处的时候，会给出圈红的反馈。

然后，我们要记录下来找到了几处不同。

最后，如果三处不同都被找到，电脑会自动告诉我们这个好消息。

现在就让我们借助 Scratch 魔法，挑战眼力，帮助丑小鸭分辨双胞胎吧！

一步一步学编程

1 做好准备工作

我们依然要先做好准备工作：

（1）准备好这个游戏需要的所有资源，它们在本书附带的下载资源"案例 8"文件夹中。

（2）为"辨认新朋友"新建项目。请注意，如果你刚刚用 Scratch 编写了其他程序，别忘了保存当前的项目再新建项目。

（3）删除角色区的默认角色小猫咪。

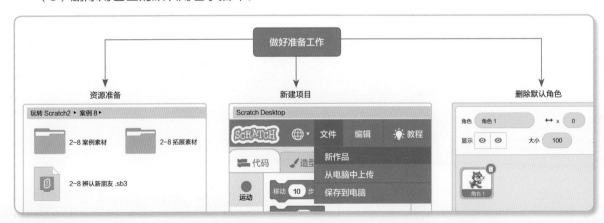

2 添加背景与角色

我们的故事发生在树林边，这儿有一对松鼠和一只丑小鸭。

添加舞台背景

在背景区点击"上传背景"按钮，打开"2-8 案例素材"文件夹，选择"背景"图片，布置好舞台背景。别忘了把默认背景"背景 1"删掉哟！

添加角色

【想一想】

　　小朋友肯定会猜到我们的主角包括松鼠双胞胎和丑小鸭，请你再想一想，还有没有其他角色了呢？

　　当我们点击左侧松鼠的不同之处时，希望出现圈红的造型变化，所以松鼠的头发、鼻子和尾巴这三处不同也是角色。

　　值得注意的是，我们要确保单独的头发、鼻子和尾巴角色能够完好覆盖到左侧松鼠的对应位置上，看不出是被贴上了三个角色。所以大家要格外注意每个角色的位置坐标。

在角色区点击"上传角色"按钮，打开"2-8 案例素材"文件夹，选择松鼠兄弟图片，添加到舞台，将其大小调整为 60，x 值修改为 9，y 值修改为 -8。▽

打开"2-8 案例素材"文件夹，继续选择丑小鸭图片，添加到舞台，将其放到舞台右侧。再添加好头发、鼻子和尾巴三个角色，并覆盖到左侧松鼠身上的对应位置。▽

【小贴士】

　　需要调整头发、鼻子和尾巴三个角色的位置及大小，使它们正好覆盖左侧松鼠的头发、鼻子和尾巴，点击后再变换为带红色圈框的造型。小朋友可以自己调整位置并记录其坐标，也可以直接采用右图给出的这组 x、y 坐标值。

现在，全部的准备工作都已经完成啦！让我们开始编写属于自己的程序吧！

3 设计与实现

　　我们已经布置好舞台，也成功添加了双胞胎松鼠、丑小鸭、头发、鼻子和尾巴角色。现在我们就需要用 Scratch 大显身手了。辨别双胞胎兄弟不同之处的具体原理是什么呢？这就需要一些逻辑思维啦！

【故事逻辑和情节分析】

⚙ 【情节 1】游戏启动，每处不同隐藏不见。

⚙ 【情节 2】左侧松鼠的每处不同被找到时都会被红圈标记出来。

⚙ 【情节 3】每找到左侧松鼠的一处不同，就有音乐响起，同时计数器的数值会加 1。

⚙ 【情节 4】当左侧松鼠的三处不同全部被找到时会响起欢呼声。

⚙ 【情节 5】在我们找到每处不同的时候，丑小鸭会汇报找到了第几处不同。

【情节 1】游戏启动，每处不同隐藏不见。

【想一想】

　　不同之处怎么隐藏起来呢？

　　"头发""鼻子""尾巴"都包括默认造型、选中造型两种外观。当游戏开始时，处于默认造型，与左侧松鼠身上的对应部位是相同的，看起来似乎是隐藏状态；当不同之处被点击的时候，则切换为圈红的选中造型。

以"头发"角色为例进行详细解释,"鼻子"和"尾巴"情况类似,呈现具体代码。

游戏启动后,"头发"角色隐藏不见。

点选角色区的"头发"角色,在"事件"类积木中点击并拖动 [当▮被点击] 到脚本区。

在"运动"类积木中点击并拖动 [移到 x:-37 y:56] 到脚本区拼接好,对比就知道该坐标值就是刚刚约定好的默认位置坐标值,从而确保每次游戏开始,"头发"都会回到默认位置。

在"外观"类积木中点击并拖动 [换成 头发原始造型▼ 造型] 积木进行拼接。 ▷

游戏启动后,"鼻子"和"尾巴"角色隐藏不见。

与上述操作步骤相同,为"鼻子"和"尾巴"角色设置初始位置及初始造型。▽

【情节2】左侧松鼠的每处不同被找到时都会被红圈标记出来。

【想一想】

【情节2】与【情节1】有哪些异同?

相同点:二者的操作逻辑相同。

不同点:【情节2】触发事件是角色被"点击";【情节2】需要将原始造型修改为选中造型。

以"头发"角色为例进行详细解释，"鼻子"和"尾巴"情况类似，呈现具体代码。

"头发"角色被点击后切换造型。

点选角色区的"头发"角色，在"事件"类积木中点击并拖动  到脚本区。

在"运动"类积木中点击并拖动 移到x: -37 y: 56 到脚本区拼接好，必要的情况下可以修改坐标值，从而确保点击换造型后松鼠外观的完整性。

在"外观"类积木中点击并拖动 换成 头发原始造型▼ 造型 积木到脚本区拼接好，将"头发原始造型"修改为"头发选中造型"。

"鼻子"和"尾巴"被点击后切换造型。

与上述操作步骤相同，完成"鼻子"和"尾巴"积木组的拼接。 ▽

【情节3】每找到左侧松鼠的一次不同，都有音乐响起，同时计数器的数值会加1。

我们利用计数器来存放找到不同之处的数量。计数器的初始值应该为0，每当找到左侧松鼠身上的一处不同，计数器的数值会增加1。需要借助 Scratch 的变量完成该效果。

变量"计数器"建立及初始化赋值。

在"变量"类积木中，点击 建立一个变量 。 ▷

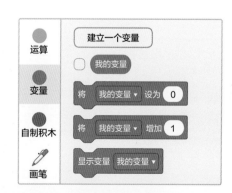

在弹出的对话框中输入"计数器"，选择类型为"适用于所有角色"，点击"确定"按钮。▽

设置变量的初始值为 0。选择舞台背景，在"事件"类积木中点击并拖动 到脚本区，在"变量"类积木中点击并拖动 将 计数器▼ 设为 0，拼接在 下方。▽

"头发"角色被点击后播放音乐，计数器增加 1。

点选角色区的"头发"角色，切换到"声音"选项卡。▷

▽ 在屏幕下方，将鼠标指向 🔊 图标，并在所弹出的菜单中点击"选择一个声音"按钮。

在弹出的声音素材库中，选择一个合理的声音，点击后即可添加。本游戏中选择了名称为"Coin"的声音。▽

切换到"代码"选项卡，在"声音"类积木中点击并拖动 播放声音 Coin▼ 到脚本区拼接好。▷

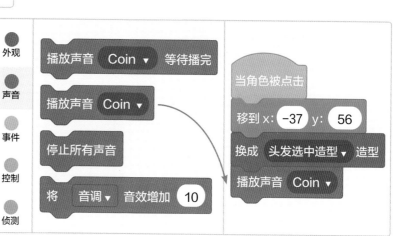

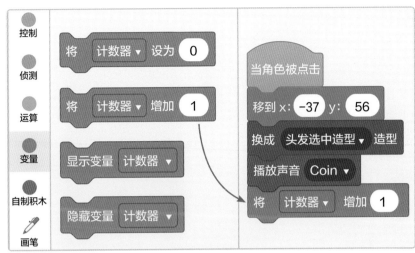

在"变量"类积木中点击并拖 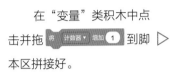 到脚本区拼接好。 ▷

"鼻子"和"尾巴"角色被点击后播放音乐，计数器增加 1。

▽ 为"鼻子"和"尾巴"角色添加声音和累加计数器的原理相同，完整代码如下。

在这一步中，我们收集到了第一个"编程秘诀"——全局变量。

【编程秘诀 1】全局变量

变量是会变化的值。全局变量指的是程序中的所有角色和舞台背景都能看到并共享的变量。

在 Scratch 中，可以通过 建立一个变量 命令进行新变量的建立，选定"适用于所有角色"，建立的就是全局变量。可以通过 将 我的变量 设为 0 和 将 我的变量 增加 1 实现变量赋值和修改。

【情节4】当左侧松鼠的三处不同全部被找到时会响起欢呼声。

三处不同是否全部被找到成为游戏是否结束的判断条件。当三处不同都被找到，也就是计数器数值等于3时，应该响起欢呼声。如果头发、鼻子、尾巴都单独进行判断，这样的操作要完成3次，我们可以将判定放到"背景"中完成。

在背景区点选"背景"，在"控制"类积木中点击并拖动 到脚本区，拼接在原有积木下方。▽

在"运算"类积木中拖动 到 内部，将等式左边赋值为变量 计数器，等式右侧赋值为3。 ▽

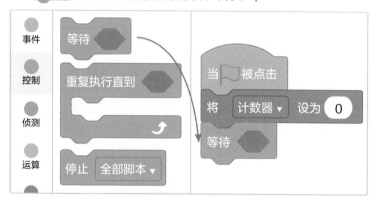

切换到"声音"选项卡，点击左下角的"选择一个声音"按钮，打开声音素材库，选择一个"Clapping"欢呼的声音，点击后即可添加。再次切换到"代码"选项卡，在"声音"类积木中点击并拖动名为 到脚本区拼接好。这样就给背景添加好欢呼的声音了。

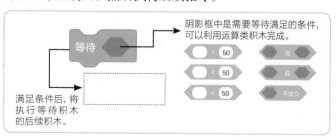

在这一步中，我们收集到了第二个"编程秘诀"——等待条件满足。

【编程秘诀2】等待条件满足

等待条件满足指的是角色会持续等待某个条件满足，然后执行后续指令。

在Scratch中，可以通过 等待 完成该功能，其中的阴影框需要利用"运算"类积木来完成；满足该条件后将执行后续的相关积木。

阴影框中是需要等待满足的条件，可以利用运算类积木完成。

满足条件后，将执行等待积木的后续积木。

本游戏中，从程序启动开始，背景就在等待条件"计数器=3"满足，满足该条件就会播放庆祝音乐。

【情节5】在我们找到每处不同的时候，丑小鸭会汇报找了第几处不同。

这个情节仍然可以利用刚刚说到的编程秘诀 等待 ⬡ 来完成。等待的条件分别是：计数器 =1，计数器 =2，计数器 =3。当条件满足的时候，我们需要利用造型变换来体现丑小鸭的说话状态，并利用 说 你好! 2 秒 进行汇报。

汇报找到了第一处不同。

点选角色区的"丑小鸭"角色，在"事件"类积木中点击并拖动 当▣被点击 到脚本区；在"外观"类积木中点击并拖动 换成 丑小鸭造型1▾ 造型 拼接在下方，并将造型修改为"丑小鸭造型 3"。

在"控制"类积木中点击并拖动 等待 到脚本区，在"运算"类积木中拖动 ◯ = 50 到 等待⬡ 内部，将等式左边赋值为变量 计数器，等式右侧赋值为 1，拼出积木 等待 计数器 = 1 并接在之前积木组合的下方。

在"外观"类积木中连续点击并拖动三个 下一个造型 到脚本区拼接好；在前两个 下一个造型 中间插入一个 说 你好! 2 秒，修改文本为"找到一处不同！"，并将 2 修改为 0.5；在最后一个 下一个造型 前，增加一个 等待 1 秒，并修改数值为 0.5。

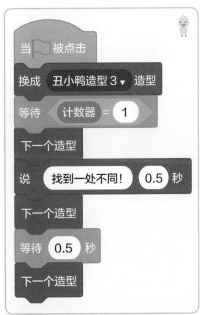

汇报找到了第二处不同。

汇报"找到第二处不同"和汇报"找到一处不同"是完全一样的逻辑。通过复制代码并作相应修改就能设置好这段积木组。

在上述代码中拖动 等待 计数器 = 1 到空白处，可以看到该积木及其后面的所有积木一并拖到了空白处；在 等待 计数器 = 1 上点击鼠标右键，弹出包含三个选项的菜单，点击"复制"选项，实现代码复制。 ▷

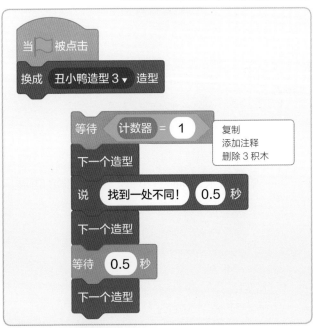

在复制出的积木组中，将计数器的数值改为 2，将"找到一处不同！"改为"找到第二处不同！" ▽

汇报找到了所有不同。

▽ 同样,通过复制和修改设置好第三次汇报的积木组。

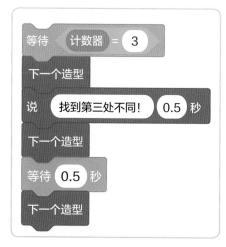

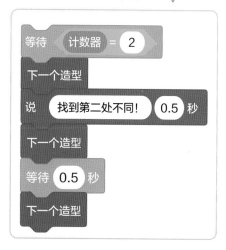

最后，把三组积木拼接在一起。

🐦 运行与优化

1 程序运行试试看

按照下面的步骤来试一试自己的作品吧。

（1）点击 🚩 按钮，启动游戏。

（2）点击左侧松鼠身上的不同之处，有红色标记出现，响起音乐，同时丑小鸭汇报找不同的进展。

（3）当三处不同被找到，会响起欢呼的音乐。

2 作品优化与调试

程序调试能够使得我们的作品更稳健、更成熟。

在运行程序后，你是怎样试验程序是否成功运行的？你是否发现了需要优化的问题呢？

【想一想】

运行程序会发现，如果多次点击三处不同，计数器的数值会继续增加，怎么解决这个问题呢？

以"头发"为例进行说明。

（1）增加一个变量"头发"，设初始值为0。

（2）第一次点击舞台上的头发时，当前变量"头发"值为初始值0；点击后，变量"计数器"加1，同时给变量"头发"赋值为1，表示已经算过头发为不同之处了。

（3）当再次点击头发的时候，当前变量"头发"值为1，则变量"计数器"不再加1。

新变量的建立。

在角色区点选"头发"角色，在"变量"类积木中点击 建立一个变量 ，命名为"头发"。只有角色"头发"被点击才能修改该变量，因此需要选择"仅适用于当前角色"。然后点击"确定"按钮。

"变量"类积木中出现了一个新的变量——"头发"。如果勾选变量前面的复选框，就会在舞台显示变量的当前值。

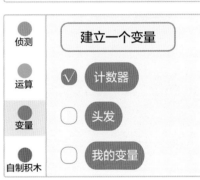

在角色区依次选择"鼻子"和"尾巴"角色，分别建立局部变量"鼻子"和"尾巴"。▽

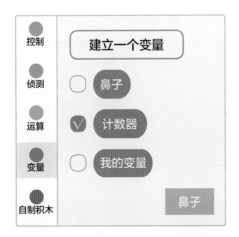 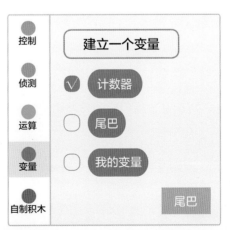

新变量的初始赋值。

点选角色区中的"头发"角色，找到程序启动后头发呈现默认造型的代码，在"变量"类积木中点击并拖动 拼接在其下方，将变量修改为"头发"。

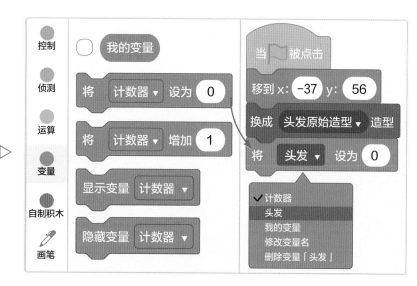

▽ 在角色区依次选择"鼻子"和"尾巴"，进行相同的操作。

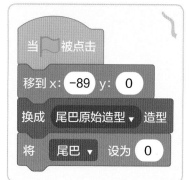

不同之处被多次点击，不累计次数。

点选角色区中的"头发"角色，找到当角色被点击的积木组，在"控制"类积木中点击并拖动 到脚本区拼接好。

在"运算"类积木中点击并拖动 到条件框中，将变量"头发"拖到"运算"类积木的左侧，右侧值修改为 0，拼接出积木 头发 = 0 作为判定条件。

修改 原有位置，拖到 中，作为满足条件后的操作。

在"变量"类积木中点击并拖动 将 头发 设为 0 ，拼接到计数器积木下，修改数值为 1。

◁ 同样的步骤，完成"鼻子"和"尾巴"点击后不重复累计次数的积木拼接。

在这一步中，我们收集到了第三个"编程秘诀"——局部变量。

【编程秘诀 3】局部变量

与刚刚学习的全局变量不同，局部变量是只有指定角色可以看到和使用的变量。

在 Scratch 中，可以通过 建立一个变量 命令进行新变量的建立，选定"仅适用于当前角色"，建立的就是局部变量。

同样可以通过 将 我的变量 设为 0 和 将 我的变量 增加 1 实现变量赋值和修改，但是只有当前的角色能够看到该变量。

3 让保存成为习惯

恭喜你已经顺利地完成了这个小游戏！更要祝贺你理解了变量，并能将其应用到问题解决中。千万别忘了把你刚刚完成的作品保存到电脑中哟。

思维导图大盘点

让我们用思维导图整理一下，看看这个编程任务是怎么完成的吧。

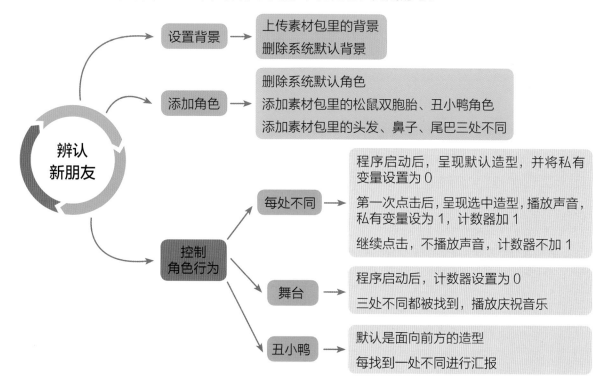

挑战新任务

小朋友，请你利用 Scratch 自带素材，使用变量设计一个火箭发射的小游戏吧。
　　游戏的目标是：依次点击舞台上的数字 5、4、3、2、1、0，改变变量"倒计时"的数值。当倒计时为 0 时，火箭发射。怎样达成任务目标呢？结合前面所学的知识，想想看吧！

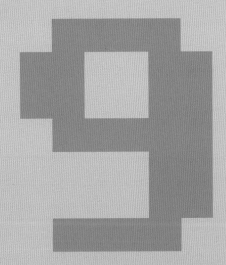

松果帮帮忙

解锁新技能

🔓 随机数
🔓 字符串连接
🔓 询问回答
🔓 嵌套循环
🔓 图章

丑小鸭和新朋友们在一起很开心，它每天都要来帮助松鼠兄弟准备过冬的食物。

松鼠哥哥负责采摘松果，松鼠弟弟负责挖洞把松果埋起来。丑小鸭则负责帮忙清点松果的数量。每天只要采集完一定数量的松果，剩下的时间三个好朋友就可以一起玩了！

可是松果真多呀，堆得到处都是。丑小鸭数来数去数不清，这该怎么办呢？

松鼠哥哥有了好办法，它说："你让每一份松果的数量一样，再数一数有多少份，把两个数字相乘就可以了。"

这个办法真不错，丑小鸭要马上试一试。

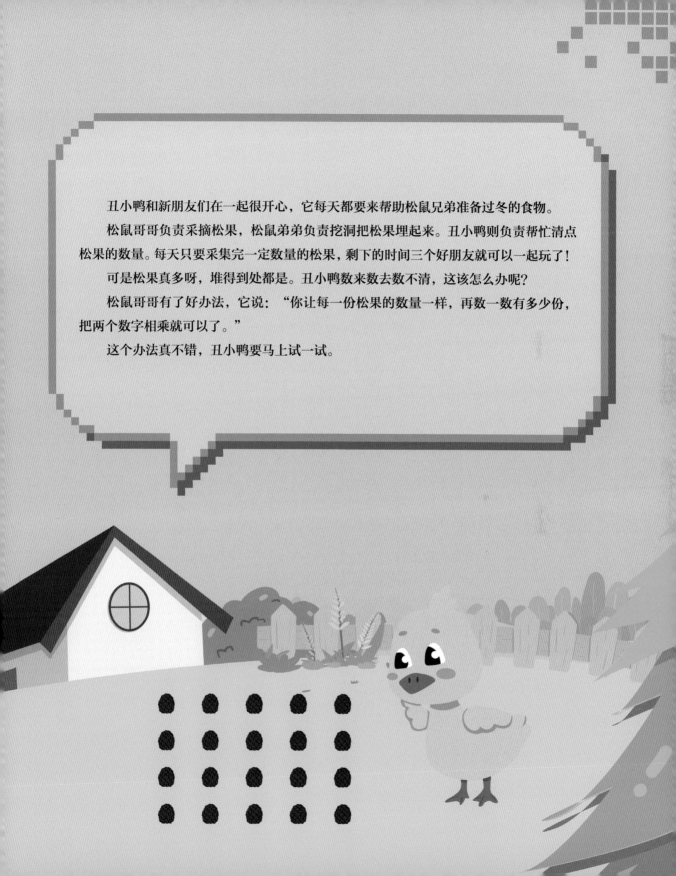

👑 领取任务

原来乘法在生活中时不时就能用到啊。丑小鸭觉得乘法好用又神奇，它还想让小朋友一起来算一算松果数量。

首先，丑小鸭提示松果份数及每份的数量，请小朋友输入乘法结果。

然后，丑小鸭会判断答案是否正确，并利用松果来演示乘法的过程。

最后，丑小鸭会揭晓正确的答案。

接下来，我们就用 Scratch 编程魔法和丑小鸭一起去数一数、算一算吧！

👑 一步一步学编程

1 做好准备工作

我们要做好三方面的准备工作：

（1）准备好这个游戏需要的所有资源，它们在本书附带的下载资源"案例 9"文件夹中。

（2）为"松果帮帮忙"新建项目。请注意，如果你刚刚用 Scratch 编写了其他程序，别忘了保存当前的项目再新建项目。

（3）删除角色区的默认角色小猫咪。

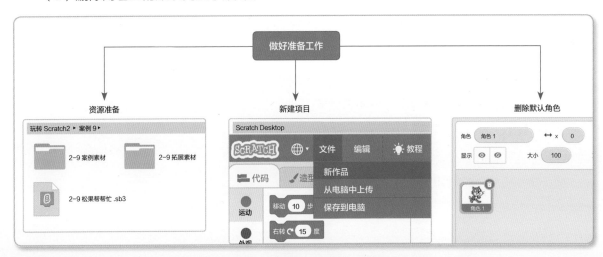

2 添加背景与角色

我们的故事发生在可以堆放松果的空地，故事涉及丑小鸭和松果。

添加舞台背景

在背景区点击"上传背景"按钮，打开"2-9案例素材"文件夹，选择"背景"图片，布置好舞台背景。别忘了删除默认背景"背景1"哟！ ▷

添加角色

在角色区点击"上传角色"按钮，打开"2-9案例素材"文件夹，依次选择"丑小鸭"和"松果"，将角色添加到舞台，并将其调整到合适大小。为了演示更多松果，我们可以将松果大小调整为8。 ▷

3 设计与实现

相信小朋友们已经深刻体会到，在动手编写程序之前做好逻辑分析是必不可少的步骤。在这个程序中，我们将怎样随机给出松果的份数以及每份松果的数量，又将怎样依据乘法知识完成数松果的挑战呢？咱们仍然需要进行逻辑分析。

【故事逻辑和情节分析】

利用乘法计算松果的逻辑及故事情节如下：

⚙ 【情节1】点击丑小鸭，依次提示松果份数及每份的数量。

⚙ 【情节2】小朋友输入计算数值，丑小鸭对结果进行判断。

⚙ 【情节3】松果依据乘法原理演示计算过程。

⚙ 【情节4】丑小鸭预留时间供小朋友清点松果数量，并提示正确答案。

【情节1】点击丑小鸭，依次提示松果份数及每份的数量。

【想一想】

丑小鸭每次会告诉我们每份有几个松果、一共有几份，这些数据是怎么来的？

运用 Scratch 的随机数变量产生。为了完成这部分的程序效果，需要如下过程：

(1) 建立三个变量，其中"被乘数"是每份松果的个数，"乘数"是松果的份数，因为要计算总数，还需要建立变量"积"。

(2) 变量赋值。用随机数给"乘数""被乘数"变量赋值，用二者的乘积给"积"赋值。

(3) 通过丑小鸭的"说"将当前"乘数""被乘数"的值显示出来。

依据以上分析，让我们来动手操作吧。

建立变量。

在"变量"类积木中点击 建立一个变量 ，在弹出的对话框中输入"乘数"，选择默认的"适用于所有角色"，点击"确定"按钮，完成"乘数"全局变量的建立。 ▷

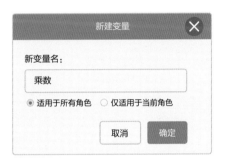

重复上述步骤，完成全局变量"被乘数"和"积"的变量建立。 ▷

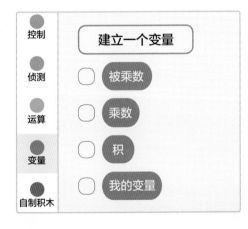

为变量赋值。

点选角色区的"丑小鸭"角色，在"事件"类积木中点击并拖动 当角色被点击 到脚本区。 ▷

在"变量"类积木中点击并拖动 将 被乘数 设为 0 到脚本区拼接好。

▽ 在"运算"类积木中点击并拖动 `在 1 和 10 之间取随机数` 到脚本区，给被乘数赋值，将值的范围限定为最大到 9。

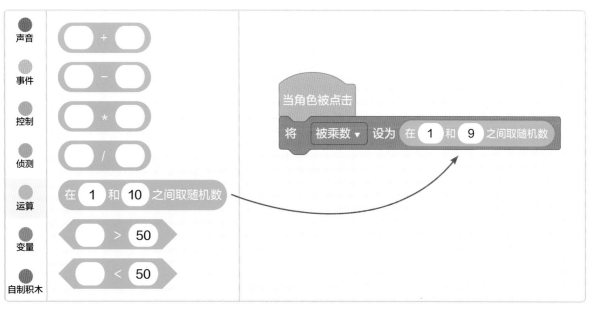

重复上述步骤，用随机数给变量"乘数"赋值。 ▷

在这一步中，我们收集到了第一个"编程秘诀"——随机数。

【编程秘诀 1】随机数

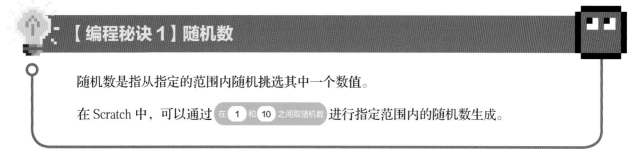

随机数是指从指定的范围内随机挑选其中一个数值。

在 Scratch 中，可以通过 `在 1 和 10 之间取随机数` 进行指定范围内的随机数生成。

在"变量"类积木中点击并拖动 将 被乘数▼ 设为 0 到脚本区拼接好，将 "被乘数"修改为"积"。

在"运算"类积木中点击并拖动 ○*○ 到脚本区，为变量"积"赋值。 ▽

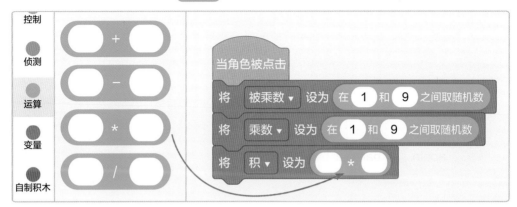

在"变量"类积木中点击并拖动 被乘数 和 乘数 到 ○*○ 内部。 ▽

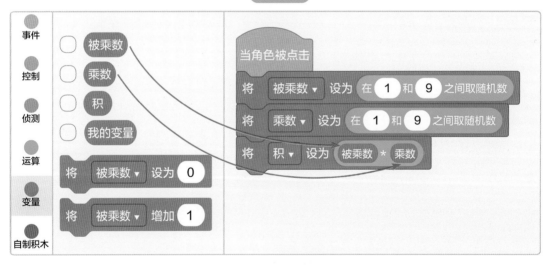

呈现计算之前的相关信息。

显示被乘数信息，即每份松果多少个。

在"外观"类积木中点击并拖动
说 你好! 2 秒 到脚本区拼接好。 ▷

在"运算"类积木中点击并拖动 连接 apple 和 banana 到脚本区 说 你好！ 2 秒 内部，将"apple"的值修改为"每份松果的个数为："，点击并拖动 被乘数 作为"banana"的值。▽

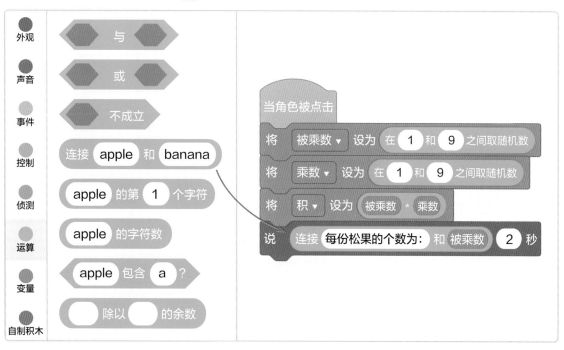

显示乘数信息，即一共多少份松果。

操作步骤与显示被乘数信息类似，但是需要在变量 乘数 前后都连接字符。

在"外观"类积木中点击并拖动 说 你好！ 2 秒 到脚本区。在"运算"类积木中点击并拖动 连接 apple 和 banana 到脚本区 说 你好！ 2 秒 内部，将"apple"的值修改为"一共有"。▽

说 连接 一共有 和 banana 2 秒

在"运算"类积木中再次点击并拖动 连接 apple 和 banana 到脚本区 说 连接 一共有 和 banana 2 秒 内部作为"banana"的值。▽

说 连接 一共有 和 连接 apple 和 banana 2 秒

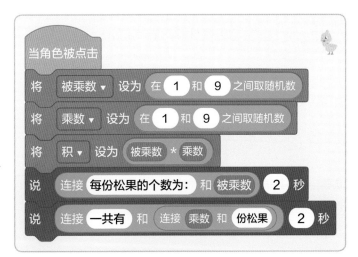

在"变量"类积木中点击并拖动到脚本区，作为 连接 apple 和 banana 中"apple"的值，并将"banana"的值修改为"份松果"。 ▷

在这一步中，我们收集到了第二个"编程秘诀"——字符串连接。

【编程秘诀 2】字符串连接

字符串连接是指将指定的两个字符串进行连接组合。

在 Scratch 中，可以通过 连接 apple 和 banana 完成字符串连接，甚至多层嵌套连接多个字符串。

【情节 2】小朋友输入计算数值，丑小鸭对结果进行判断。

【想一想】

在收到小朋友的计算数值后，会出现几种情况？

（1）输入值正确，给出正确提示信息。

（2）输入值错误，给出错误提示信息。

可以用进行两次判断，也可以使用，根据是否满足条件选择进行哪个分支的操作。

接收用户认为的正确答案。

在"侦测"类积木中点击并拖动 询问 What's your name? 并等待 到脚本区拼接好，并将其值修改为"你知道一共有多少松果吗？" ▷

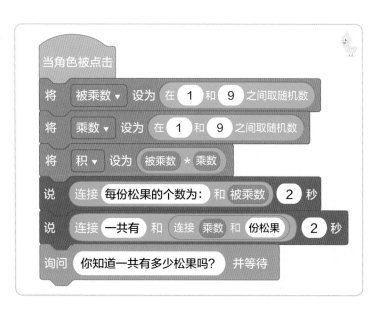

判断答案是否正确，并给出不同提示信息。

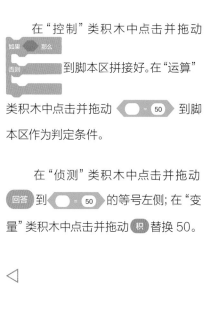

在"控制"类积木中点击并拖动 到脚本区拼接好。在"运算"类积木中点击并拖动 ⬤ = 50 到脚本区作为判定条件。

在"侦测"类积木中点击并拖动 回答 到 ⬤ = 50 的等号左侧；在"变量"类积木中点击并拖动 积 替换50。

◁

添加条件满足时的执行积木。在"外观"类积木中点击并拖动 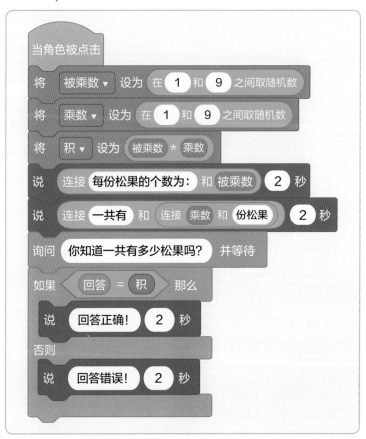 说 你好! 2 秒 到脚本区拼接好，将文本修改为"回答正确！"

添加条件不满足时的执行积木。在"外观"类积木中点击并拖动 说 你好! 2 秒 到脚本区拼接好，将文本修改为"回答错误！" ▽

在这一步中，我们收集到了第三个"编程秘诀"——询问回答。

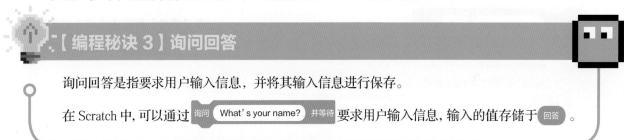

【编程秘诀 3】询问回答

询问回答是指要求用户输入信息，并将其输入信息进行保存。

在 Scratch 中，可以通过 询问 What's your name? 并等待 要求用户输入信息，输入的值存储于 回答 。

【情节3】松果依据乘法原理演示计算过程。

由于涉及丑小鸭和松果之间的信息传递，因此需要丑小鸭广播消息、松果接收消息。

新建广播消息。

在"事件"类积木中，点击 广播 消息1▼ ，选择下拉列表中的"新消息"。 ▷

在弹出的对话框中，输入名称"数松果"，点击"确定"按钮，建立新消息。 ▷

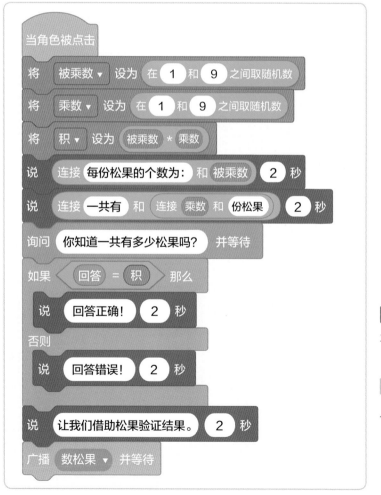

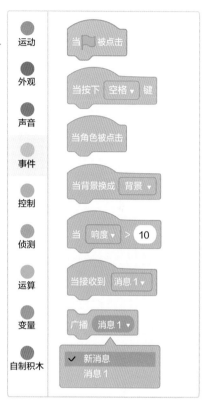

丑小鸭广播"数松果"消息。

在"外观"类积木中点击并拖动 说 你好! 2 秒 到脚本区拼接好，修改文本为"让我们借助松果验证结果。"

在"事件"类积木中点击并拖动 广播 数松果▼ 并等待 到脚本区，拼接在最下方。 ◁

松果接收"数松果"消息进行乘法运算演示。

点选角色区的"松果"角色，在"事件"类积木中点击并拖动 当接收到 数松果 ▼ 到脚本区。

在"外观"类积木中点击并拖动 隐藏 ，将松果角色进行隐藏。

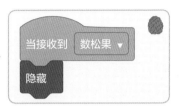

设置第一个松果的位置。在"运动"类积木中点击并拖动 移到x: -186 y: 54 到脚本区拼接好。小朋友也可以自己修改 x，y 值，不过，最好把第一个松果设置在院落空地的左上角。

【想一想】

如何依据乘法原理，利用松果演示被乘数和乘数的关系？

(1) 被乘数，即每份松果的数量，也就是演示过程中每一行出现的松果数量。同一行中松果的特点是，y 坐标一致，x 坐标等距变化。由于松果是由左向右摆放，可以将 x 逐一增加 30。

(2) 乘数，即松果的份数，也就是演示过程中一共出现多少行松果。不同行中松果的特点是：每行的第一个松果的 x 坐标保持不变；y 坐标自上而下逐一减少 20。

(3) x 值和 y 值的变化会受到松果设置大小的影响，要保证行、列中的松果不重叠。

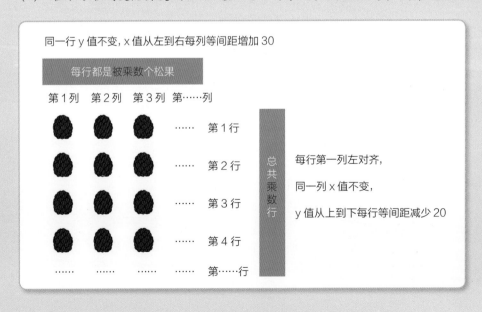

依据上述分析，使用图章积木实现松果逐步呈现。

需要将每份松果一一进行展示，每份为一行，要展示"乘数"次。

每行第一个松果都是左对齐，也就是 x 值相同，都为 −186；行与行之间要将 y 坐标值减少 20，从而实现每份松果都显示为下移一行。与此同时，每行显示的时间间隔设定为 0.5 秒。

将每份松果显示为一行的具体过程：每隔 0.05 秒，在 x 坐标值增加 30 的位置，通过图章显示一个松果，共完成"被乘数"次。

▷

当接收到 数松果 ▼

隐藏

移到 x: −186 y: 54

重复执行 乘数 次

　重复执行 被乘数 次

　　🖊 图章 → 显示

　　将 x 坐标增加 30 → 列间距

　　等待 0.05 秒

　将 x 坐标设为 −186 → 左对齐

　将 y 坐标增加 −20 → 行间距

　等待 0.5 秒

每份松果

一共多少

在这一步中，我们收集到了第四个"编程秘诀"——嵌套循环。

【编程秘诀 4】嵌套循环

嵌套循环是指在循环积木中又嵌套使用了循环积木。

在 Scratch 中，可以通过 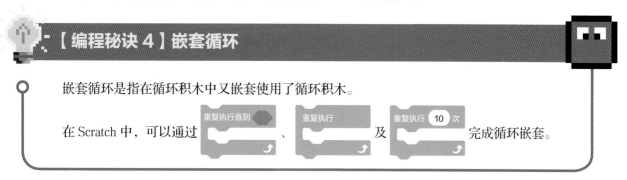 重复执行直到 、 重复执行 及 重复执行 10 次 完成循环嵌套。

在这一步中，我们还收集到了第五个"编程秘诀"——图章。

【编程秘诀5】图章

图章是指可以在舞台上用当前角色的造型盖章，实现复制效果。

在 Scratch 中，可以通过"画笔"类积木 🖊 图章 实现造型盖章。

【情节4】丑小鸭预留时间供小朋友清点松果数量，并提示正确答案。

增加等待时间，供小朋友清点屏幕上松果的数量。

现在又要为丑小鸭赋予动作啦。

点选角色区的"丑小鸭"角色，在"控制"类积木中点击并拖动 等待 1 秒 到脚本区，拼接在 广播 数松果 ▼ 并等待 后面，修改时间为 10，可以让小朋友逐一清点屏幕上的松果数量。 ▷

提示正确答案。

该步骤与【情节1】中显示乘数信息情况类似，需要在变量 积 前后都连接字符。

在"外观"类积木中点击并拖动 说 你好！ 2 秒 到脚本区拼接好。在"运算"类积木中点击并拖动 连接 apple 和 banana 到脚本区 说 你好！ 2 秒 内部，将"apple"的值修改为"原来一共有"。 ▽

说 连接 原来一共有 和 banana 2 秒

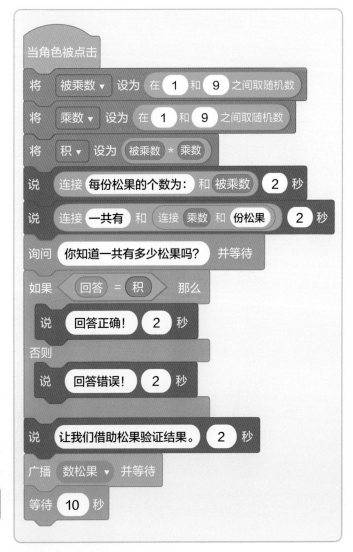

当角色被点击

将 被乘数 ▼ 设为 在 1 和 9 之间取随机数

将 乘数 ▼ 设为 在 1 和 9 之间取随机数

将 积 ▼ 设为 被乘数 * 乘数

说 连接 每份松果的个数为： 和 被乘数 2 秒

说 连接 一共有 和 连接 乘数 和 份松果 2 秒

询问 你知道一共有多少松果吗？ 并等待

如果 回答 = 积 那么

　　说 回答正确！ 2 秒

否则

　　说 回答错误！ 2 秒

说 让我们借助松果验证结果。 2 秒

广播 数松果 ▼ 并等待

等待 10 秒

在"运算"类积木中点击并拖动 连接 apple 和 banana 到脚本区 说 连接 原来一共有 和 banana 2 秒 内部，作为"banana"的值。 ▽

说 连接 原来一共有 和 连接 apple 和 banana 2 秒

在"变量"类积木中点击并拖动 积 到脚本区，作为 连接 apple 和 banana 上"apple"的值，并将"banana"的值修改为"个松果"。 ▽

当角色被点击

将 被乘数 ▾ 设为 在 1 和 9 之间取随机数

将 乘数 ▾ 设为 在 1 和 9 之间取随机数

将 积 ▾ 设为 被乘数 * 乘数

说 连接 每份松果的个数为： 和 被乘数 2 秒

说 连接 一共有 和 连接 乘数 和 份松果 2 秒

询问 你知道一共有多少松果吗? 并等待

如果 回答 = 积 那么

　说 回答正确! 2 秒

否则

　说 回答错误! 2 秒

说 让我们借助松果验证结果。 2 秒

广播 数松果 ▾ 并等待

等待 10 秒

说 连接 原来一共有 和 连接 积 和 个松果 2 秒

♛ 运行与优化

1 程序运行试试看

按照下面的步骤运行自己所编写的程序吧。

（1）点击 🏳 按钮，启动游戏。

（2）点击丑小鸭，会提示我们有多少份松果和每份松果的具体个数。

（3）需要我们根据以上信息进行计算并输入答案，丑小鸭将判断答案是否正确并给出提示。

（4）松果演示计算过程，丑小鸭告知正确答案。

2 作品优化与调试

小朋友，你是否习惯于尝试不同的操作，不断探索和发现程序的不足呢？这次，你有什么发现？

运行程序后会发现，每次点击 🏳 按钮启动程序后，松果不消失。再次重复点击丑小鸭，推演乘法过程中原来的松果仍然不消失。这就需要我们对角色"松果"做进一步优化处理。

（1）在点击 🏳 按钮启动程序后需要擦除所有松果印章。另外，为了确保【情节 3】所设置的行间距、列间距数值合理，可以设置松果初始化大小为 5。 ▷

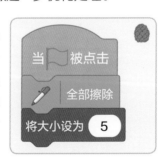

（2）需要在松果接收"数松果"消息后也先擦除所有印章。 ▷

3 让保存成为习惯

现在，恭喜你又顺利地完成了一个小程序！更要祝贺你在编程过程中应用了数学知识！希望这个游戏的制作过程让你也能够对乘法更感兴趣！千万别忘了把完成的作品保存到你的专属文件夹哟。

👑 思维导图大盘点

让我们用思维导图整理一下，看看这个编程任务是怎么完成的吧。

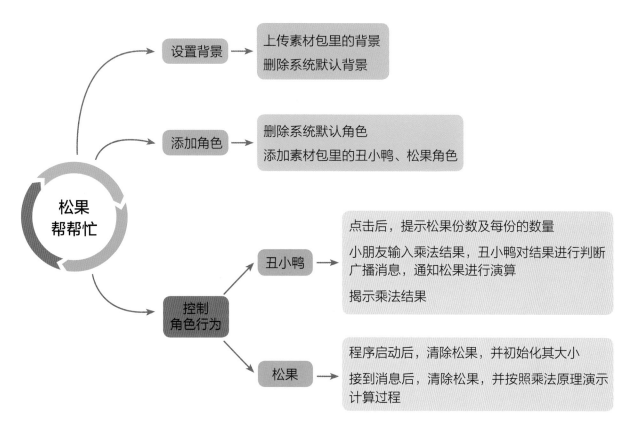

👑 挑战新任务

小朋友，制作"松果帮帮忙"小游戏的过程虽然充满挑战，但是你一定获得了一份成就感。

接下来，请你利用 Scratch 的自带素材，再开动脑筋创作另一个小游戏吧。

游戏的目标是：使用变量和询问回答，编写一个计算减法的问答游戏。

怎样达成任务目标呢？结合前面所学的知识，想想看吧！

遇见真正的自己

解锁新技能

🔓 音乐演奏

🔓 乐器设定

🔓 嵌套条件判断

春天来了，温暖的阳光普照大地，小鸟们展开优美歌喉唱着动听的歌，岸边绿绿的柳条随风轻摆，这一切都倒映在清澈的池塘里，凝聚成一幅美丽的画。

　　丑小鸭告别了松鼠兄弟，准备回到自己喜欢的池塘。临行前，松鼠兄弟精心制作了一个松果音乐盒送给它。

　　丑小鸭来到池塘边，静静地欣赏着美丽的风景。正在这时，一群白天鹅游了过来，热情地跟它打招呼。丑小鸭看见天鹅那么美，又想到自己的样子，心里不免有些自卑，它把头低低地垂到水面，生怕会受到天鹅们的嘲笑。

　　在清澈的水面上，丑小鸭看到了自己的倒影。啊，丑小鸭不敢相信自己的眼睛。水中的自己不再是一只粗笨的丑小鸭，而是变成了一只纯洁、美丽的白天鹅！

　　它高兴极了，打开松果音乐盒，和天鹅同伴们一起听着美妙的乐曲。

🏅 领取任务

小朋友，你见过什么样的音乐盒？音乐盒有什么功能呢？让我来给你介绍一下松果音乐盒的功能吧：它不仅包括播放、暂停、音量调节功能，还能够用钢鼓、钢琴或萨克斯管进行乐曲演奏。

怎么实现这些功能呢？

首先，在松果音乐盒上预留一些可操作的机关按钮。

然后，让每个机关按钮活灵活现，体现出按下、弹起的特效。

最后，也是最重要的，赋予每个按钮对应的功能，让它们各司其职。

现在，就让我们借助 Scratch，创作出松果音乐盒，庆祝丑小鸭蜕变成天鹅吧！

🏅 一步一步学编程

1 做好准备工作

我们要做好三方面的准备工作：

（1）准备好这个游戏需要的所有资源，它们在本书附带的下载资源"案例 10"文件夹中。

（2）为"遇见真正的自己"新建项目。请注意，如果你刚刚用 Scratch 编写了其他程序，别忘了保存当前的项目再新建项目。

（3）删除角色区的默认角色小猫咪。

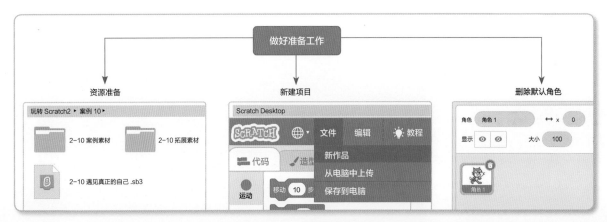

（4）这个游戏还需要唤醒"音乐"类积木。在屏幕左下方点击 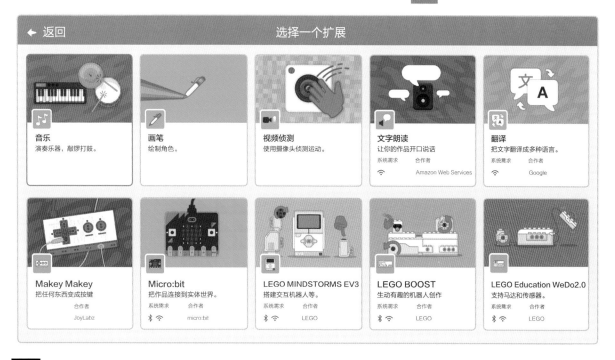 按钮，添加"音乐"类积木。

2 添加背景与角色

我们的故事发生在美丽的池塘，这儿有变成白天鹅的丑小鸭和它的天鹅伙伴，还有一个精巧的松果音乐盒。

添加舞台背景

在背景区，点击"上传背景"按钮，打开"2-10 案例素材"文件夹，找到"背景"图片，布置好舞台背景。别忘了删除默认背景"背景 1"。

添加角色

【想一想】

本次任务的角色不仅包括变成白天鹅的丑小鸭和天鹅伙伴、松果音乐盒，还要包括松果音乐盒上与用户进行交互的"播放""声音变大""声音变小""钢琴""钢鼓""萨克斯管"这六个按键。六个按键对应不同的功能，如果仅仅是将松果音乐盒当作一个整体角色，那不同按键被点击后，就无法做出具体操作啦。

在角色区，点击"上传角色"按钮，打开"2-10 案例素材"文件夹，依次找到"松果音乐盒""天鹅""播放键""增大音量键""减小音量键""钢琴播放键""钢鼓播放键""萨克斯管播放键"，添加这些角色。将松果音乐盒大小设定为 50，x 坐标值设定为 86，y 坐标值设定为 -85。

【小贴士】

为了确保音乐盒看起来是一个整体，而且六个操作键又好用，需要进行角色大小的调整，并将六个操作键覆盖到松果音乐盒的相同位置。刚刚我们设定了松果音乐盒的大小和位置，如果小朋友做了相同的设定，就可以按下面的参数设置这些按键的大小和位置。

	大小	x 值	y 值
播放键	8	89	-152
增大音量键	8	56	-150
减小音量键	8	119	-148
钢琴播放键	12	57	-118
钢鼓播放键	14	86	-119
萨克斯管	15	114	-118

现在，全部的准备工作都已经完成啦！开始编写属于自己的程序吧！

3 设计与实现

小朋友，你是否养成了在动手编写程序之前先进行逻辑分析的习惯？现在咱们将用 Scratch 为丑小鸭遇到真正的自己而奏响美妙乐曲。可是，如何演奏音乐，如何控制音乐的播放与暂停，又如何控制播放的乐器呢？让我们一起进入故事逻辑和情节分析吧。

【故事逻辑和情节分析】

【想一想】

（1）松果音乐盒有哪些功能？松果音乐盒能够实现利用钢琴、钢鼓或萨克斯管演奏音乐，实现音乐的播放与暂停，实现音乐音量的变大变小这三类独立的功能。

（2）这些功能是怎么触发的？这些功能是通过点击松果音乐盒上六个按钮来实现的，其中 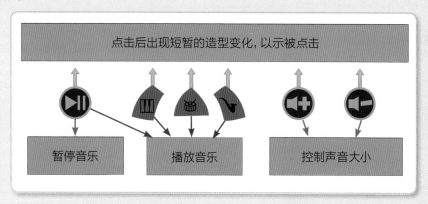 具有音乐播放与暂停两个功能。

（3）不同按钮有哪些共同点？被点击后会呈现出被点击的外观造型变化，并触发对应的功能。

（4）程序需要哪些变量？播放状态变量，用于控制 ▶‖ 是播放功能，还是暂停功能；乐器变量，用于设定播放乐器是钢琴、钢鼓或萨克斯管。

基于以上分析，设定如下故事情节与逻辑：

⚙【情节1】建立播放状态变量和播放乐器变量。

⚙【情节2】游戏启动，松果音乐盒的每个按键恢复到原始造型，给变量赋值为0。

⚙【情节3】点击松果音乐盒上每个按键，按键进行状态切换并广播不同的消息。

⚙【情节4】点击 🎹、🥁、 后，松果音乐盒接收消息以钢琴、钢鼓或萨克斯管进行乐曲演奏。

⚙【情节5】点击 🔊 和 🔉，松果音乐盒接收消息并分别增大音乐音量或减小音乐音量。

⚙【情节6】点击松果音乐盒上 ▶‖，控制音乐的播放与暂停。

【情节1】建立播放状态变量和播放乐器变量。

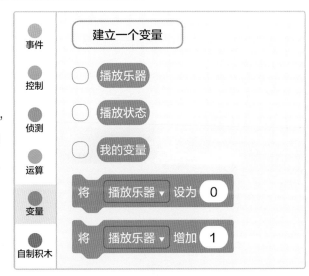

在"变量"类积木中，点击 [建立一个变量] 按钮，在弹出的对话框中分别输入"播放乐器"和"播放状态"，完成两个全局变量的建立。▷

【情节2】游戏启动，松果音乐盒的每个按键恢复到原始造型，给变量赋值为0。

以"播放键"为例进行详细解释，其他按键情况类似，只呈现具体代码。

"播放键"的具体操作。

点选角色区的"播放键"角色，在"事件"类积木中点击并拖动 当[旗]被点击 到脚本区。

在"变量"类积木中点击并拖动两个 将 我的变量▼ 设为 0 积木到脚本区拼接好，将变量名称修改为"播放状态"和"播放乐器"。▽

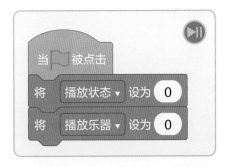

在"外观"类积木中点击并拖动 换成 默认造型▼ 造型 到脚本区拼接好。▷

其他按键的具体操作。

由于"播放状态"和"播放乐器"都是全局变量，所以能够通过任何角色进行赋值。其他按键只需要完成当点击 🏳 按钮后切换到默认造型即可。

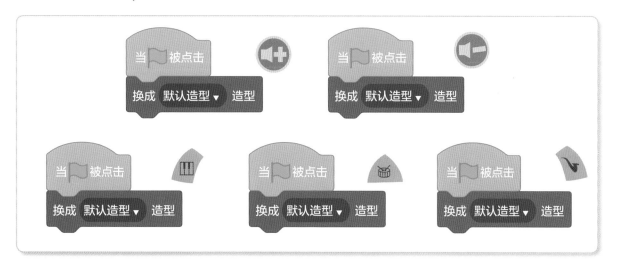

【情节3】点击松果音乐盒上每个按键，按键进行状态切换并广播不同的消息。

以"钢琴播放键"为例进行详细解释，对"钢鼓播放键""萨克斯管播放键""增大音量键"和"减小音量键"将给出具体代码，"播放键"的相关操作将在后面单独介绍。

"钢琴播放键"的相关操作。

【想一想】

点击"钢琴播放键"后，程序将完成哪些操作？

（1）将播放乐器设置为钢琴。为了方便起见，为变量"播放乐器"的值赋予如下内涵：0代表没有选择乐器；1代表选择钢琴；2代表选择钢鼓；3代表选择萨克斯管。

（2）将造型修改为"选中造型"状态并保留1秒钟时间。

（3）广播"钢琴演奏"消息。

（4）等待1秒后，将造型切换为未点击状态。

依据以上分析，我们来动手操作一下。

点选角色区的"钢琴播放键"角色,在"事件"类积木中点击并拖动  当角色被点击 到脚本区。

在"变量"类积木中点击并拖动 将 播放乐器 设为 0 到脚本区,将数值修改为1。

在"外观"类积木中点击并拖动 换成 默认造型 造型 到脚本区,将造型修改为"选中造型"。

在"控制"类积木中点击并拖动 等待 1 秒 到脚本区。

在"事件"类积木中点击并拖动 广播 消息1 到脚本区,拼接在 等待 1 秒 下面,点击"消息1",新建名称为"钢琴演奏"的消息。

在"控制"类积木中点击并拖动 等待 1 秒 到脚本区,缓冲音乐播放完的时间。

在"外观"类积木中点击并拖动 换成 默认造型 造型 到脚本区。

把上述积木都拼接到一起, "钢琴播放键"的代码就完成了。 ▽

其他按键的代码。

其他按键程序编写的原理与"钢琴播放键"一样,所以我们可以将钢琴的这段代码拖到其他角色中。

针对"钢鼓播放键"和"萨克斯管播放键"角色,不要忘记两处重要修改:一是修改变量"播放乐器"的值，点击钢鼓的时候设定"播放乐器"为2，点击萨克斯管的时候设定"播放乐器"为3；二是修改广播名称，当钢鼓被点击时新建消息"钢鼓演奏"，当萨克斯管被点击时新建消息"萨克斯管演奏"。

而"增大音量键"和"减小音量键"角色，不需要 将 播放乐器 ▾ 设为 0 积木。

【情节4】点击  、 、 后，松果音乐盒接收消息以钢琴、钢鼓或萨克斯管进行乐曲演奏。

【想一想】

松果音乐盒需要完成哪些操作？

(1) 需要接收不同的消息。

(2) 根据不同消息设置乐器。

(3) 播放音乐。尽管乐器不同，但是播放音乐的过程是相同的，为了简化程序，将定义自制积木"演奏乐谱"。

依据以上分析，将首先介绍自制"演奏乐谱"积木的操作过程，再分别介绍不同消息的实现。

自制"演奏乐谱"积木。

在角色区选中"松果音乐盒"角色，在"自制积木"类指令中，点击 制作新的积木 按钮。 ▷

在弹出的对话框中，输入名称"演奏乐谱"，成功添加新的积木。 ▽

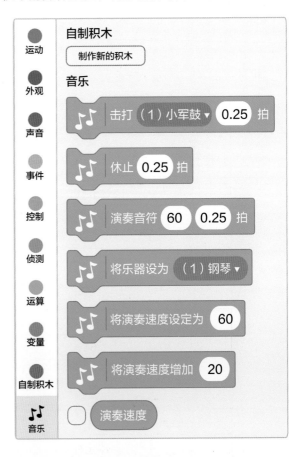

现在需要为自制的积木增加演奏功能，应用音乐模块的 演奏音符 60 0.25 拍 和 休止 0.25 拍 进行乐谱演奏。

【想一想】

如何进行乐谱演奏？

（1）选好歌曲，这里选择《春天在哪里》的第一句话。

（2）分析音符及拍数，为 ♫ 演奏音符 60 0.25 拍 或 ♫ 休止 0.25 拍 进行赋值。点击 ♫ 演奏音符 60 0.25 拍 中的"60"，通过修改数值、左右箭头移动或点击键盘，都可以选择需要的音符。

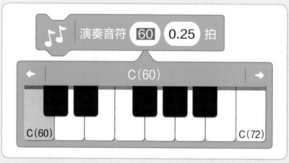

根据歌曲，确认最终的音符及拍数对应关系。

音符	音符数值	拍数值	特殊说明
3	64	0.5	
3	64	0.5	可采用重复执行
3	64	0.5	3次积木
1	60	0.5	
5̇	55	1	
5̇	55	0.5	
0	休止符	0.5	
3	64	0.5	
3	64	0.5	可采用重复执行
3	64	0.5	3次积木
1	60	0.5	
3	64	1	
0	休止符	1	

在"音乐"类积木中，依次按照上表分析的结果，点击并拖动 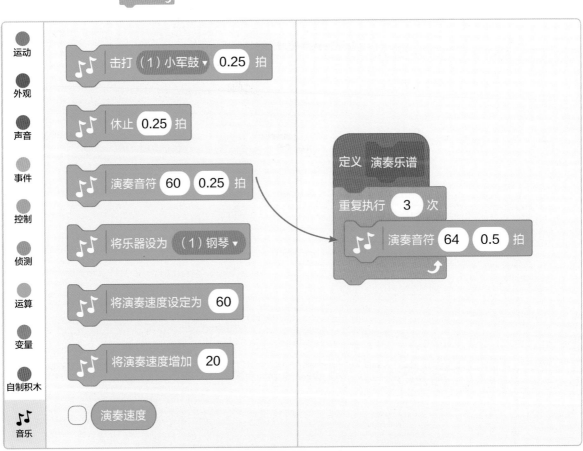 演奏音符 60 0.25 拍 或 休止 0.25 拍 到脚本区进行赋值，根据需要使用 重复执行 10 次 实现积木的重复。 ▽

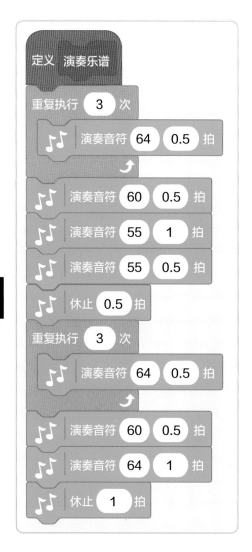

按照上述分析，拼搭出演奏乐谱的完整积木组。　▷

　　在这一步中，我们收集到了第一个"编程秘诀"——音乐演奏。

【编程秘诀 1】音乐演奏

　　音乐演奏是指通过 Scratch 完成乐曲演奏，可以演奏既有乐谱，也可以演奏改造后的乐谱或自编的乐谱。

　　在 Scratch 中，可以通过"音乐"类积木中的 演奏音符 60 0.25 拍 和 休止 0.25 拍 实现音乐演奏，其中具体拍数和音符都可以进行修改。

接收消息。

以"钢琴演奏"为例进行具体介绍，其他接收消息的实现给出完整代码。

　　在"事件"类积木中点击并拖动 当接收到 钢琴演奏▼ 到脚本区拼接好。

　　在"音乐"类积木中点击并拖动 将乐器设为 (1)钢琴▼ 到脚本区拼接好。

　　在"自制积木"中点击并拖动 演奏乐谱 到脚本区拼接好。　▷

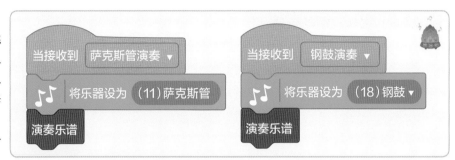

按照相同的做法，完成收到"钢鼓演奏"消息及"萨克斯管演奏"消息的积木拼接，不要忘记修改消息名称和乐器种类。

在这一步中，我们收集到了第二个"编程秘诀"——乐器设定。

 【编程秘诀 2】乐器设定

乐器设定是指设置演奏音乐的具体乐器。

在 Scratch 中，可以通过"音乐"类积木中的 ![将乐器设为（1）钢琴] 实现乐器设定，点击下拉列表，能够看到具体乐器的选项。

✓(1)钢琴	(8)大提琴	(15)唱诗班
(2)电钢琴	(9)长号	(16)颤音琴
(3)风琴	(10)单簧管	(17)八音盒
(4)吉他	(11)萨克斯管	(18)钢鼓
(5)电吉他	(12)长笛	(19)马林巴琴
(6)贝斯	(13)木长笛	(20)合成主音
(7)拨弦	(14)巴松管	(21)合成柔音

【情节5】点击 ![+] **和** ![-] **，松果音乐盒接收消息并分别增大音乐音量和减小音乐音量。**

增大音乐音量的实现。

在"事件"类积木中点击并拖动 ![当接收到 钢鼓演奏] 到脚本区拼接好，点击"钢鼓演奏"，新建消息"音量 +"。

在"声音"类积木中点击并拖动 ![将音量增加 -10] 到脚本区拼接好，修改数值为 10。

在"声音"类积木中点击并拖动 ![演奏乐谱] 到脚本区拼接好。 ▷

减小音乐音量的实现。

该部分的操作与"增加音乐音量"情况相同，只需要新建消息"音量 –"，并修改音量增加的数值为 –10。 ▷

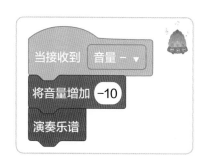

【情节 6】点击松果音乐盒上的 ⏯，控制音乐的播放与暂停。

【想一想】

如何确定不同时刻点击 ⏯，应该播放音乐还是暂停？

（1）如果当前点击了 🎹、🔔 或 🎵，点击 ⏯ 将实现暂停功能。因此每当点击 🎹、🔔 或 🎵，都应该将变量"播放状态"设置为 1，表示点击 ⏯ 将实现暂停功能。

（2）如果反复点击 ⏯，第一次点击是播放功能，第二次点击是暂停功能，第三次点击是播放功能，第四次点击是暂停功能……因此每次点击 ⏯，都进行"播放状态"加 1 操作，然后判断"播放状态"是奇数还是偶数。如果是奇数应该播放音乐，如果是偶数应该暂停音乐。具体原理如表所示。

操作情况	播放键对变量的修改	⏯ 的作用
点击 🎹、🔔 或 🎵	1	暂停
点击 ⏯	+1	奇数次，播放 偶数次，暂停

依据以上分析，【情节6】的操作步骤如下：

点击不同乐器播放键时对"播放状态"变量赋值。

点选角色区的"钢琴播放键"角色，找到角色被点击的积木组，在"变量"类积木中点击并拖动 ▽ `将 播放乐器▼ 设为 0` 到脚本区，拼接在 `当角色被点击` 下方，将"播放乐器"修改为"播放状态"，将0修改为1。

点选角色区的"钢鼓播放键"角色和"萨克斯管播放键"，找到角色被点击的积木组，均增加 `将 播放状态▼ 设为 1` 拼接在 `当角色被点击` 下方。 ▽

点击"播放键"，实现点击状态的造型变化，并对"播放状态"变量值增加1。

点选角色区的"播放键"角色，与【情节3】类似，设置造型短暂变为选中状态，再更新为初始状态。 ▷

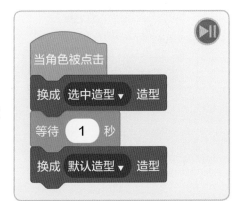

在"变量"类积木中点击并拖动  到脚本区拼接好，将"播放乐器"修改为"播放状态"。　▷

点击 ▶❚，对播放或者暂停音乐的判断。

依据分析，如果当前变量"播放状态"为奇数，则播放音乐，否则就停止播放。

在"控制"类积木中点击并拖动 到脚本区拼接好。

添加判定条件。判定条件就是变量"播放状态"为奇数，即"播放状态"除以2的余数等于1。

在"运算"类积木中点击并拖动 到脚本区拼接好，将50修改为1。　▷

在"变量"类积木中点击并拖动 到脚本区拼接到 等式左侧，将第一个椭圆"被除数"修改为变量"播放状态"，将第二个椭圆"除数"修改为2。 ▽

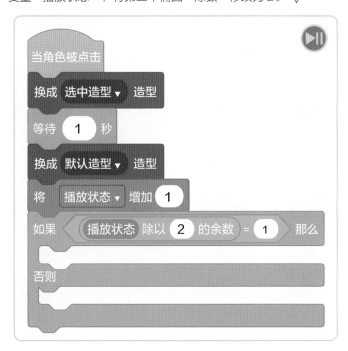

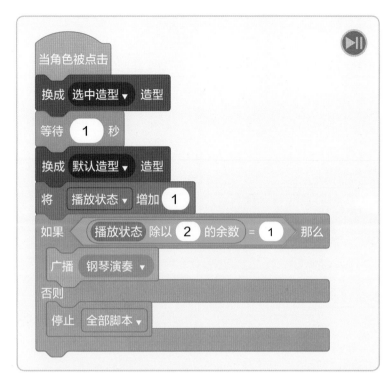

在"事件"类积木中，点击并拖动
广播 钢琴演奏▼ 拼接到"那么"分支之后。
如果消息名称不对，可以点击三角符号
选择消息名称哟。

当条件不满足时，停止音乐播放
操作。在"控制"类积木中点击并拖拽
停止 全部脚本▼ 拼接在"否则"分支后面。

♛ 运行与优化

1 程序运行试试看

你是不是已经迫不及待了，想要运行一下这个程序呢？按照下面的步骤来试一试吧。

（1）点击 🏳 按钮，启动游戏。

（2）点击松果音乐盒上 、 或 按键，分别利用钢琴、钢鼓或萨克斯管进行演奏。

（3）点击松果音乐盒上 按键，控制音乐的播放与暂停。

（4）点击松果音乐盒上 和 按键，调节播放音乐的音量大小。

2 作品优化与调试

小朋友，你是否越发感觉到程序调试与作品优化是编程的重要步骤呢？在真正的程序开发过程中，调试确实是非常重要的环节。

这次运行程序你是否发现了这个不足：点击 ⏯ 时需要对播放音乐种类进行精确判断？

【想一想】

如何确定不同时刻点击 ⏯，应该播放音乐还是暂停？如何确定不同时刻点击 ⏯，应该播放哪种乐器？

(1) 如果没有选择乐器，默认播放钢琴乐曲。即如果变量"播放乐器"值为0，则广播"钢琴演奏"消息。

(2) 如果点击了"钢琴播放键"，则在【情节3】设置"播放乐器"为1，需要广播"钢琴演奏"消息。

(3) 如果点击了"钢鼓播放键"，则在【情节3】设置"播放乐器"为2，需要广播"钢鼓演奏"消息。

(4) 如果点击了"萨克斯管播放键"，则在【情节3】设置"播放乐器"为3，需要广播"萨克斯管演奏"消息。

具体分析如表所示：

操作情况	变量"播放乐器"赋值	松果音乐盒广播消息
没选择乐器的情况下，点击 ⏯	不赋值	广播"钢琴演奏"消息
点击 🎹 后，点击 ⏯	1	广播"钢琴演奏"消息
点击 🥁 后，点击 ⏯	2	广播"钢鼓演奏"消息
点击 🎷 后，点击 ⏯	3	广播"萨克斯管演奏"消息

根据上述分析，对"播放键"的脚本做如下调整：

（1）在"作品优化与调试"之前所编写的完整代码中，删除 广播 钢琴演奏 ▼ 。▽

（2）在删除  的位置，根据播放乐器变量值的不同而确定具体广播的消息。如果"播放乐器"为0或者1，广播"钢琴演奏"消息。

① 在"控制"类积木中点击并拖动

 到脚本区拼接好。

② 在"运算"类积木中点击并拖动

〈 ◆ 或 ◆ 〉到条件框。

③ 在"运算"类积木中继续点击并拖动两个 ( ) = 50 作为 〈 ◆ 或 ◆ 〉的左右两侧的判定条件。

④ 将左侧判定条件修改为 播放乐器 = 1 ，将右侧判定条件修改为 播放乐器 = 0 。▽

⑤ 在"事件"类积木中点击并拖动 广播 钢琴演奏 ▼ 到脚本区，作为满足该条件情况下的执行积木。▽

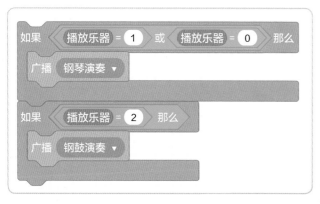

◁ （3）如果"播放乐器"为2，广播"钢鼓演奏"消息。操作步骤类似。

（4）如果"播放乐器"为3，广播"萨克斯管演奏"消息。操作步骤类似。▽

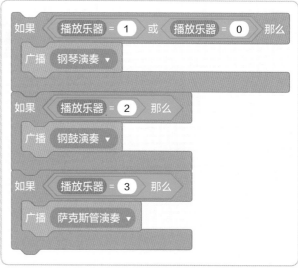

◁ （5）将上述积木组拼接在之前删除的 广播 钢琴演奏▼ 的位置。

在这一步中，我们收集到了第三个"编程秘诀"——嵌套条件判断。

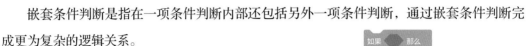

【编程秘诀 3】嵌套条件判断

嵌套条件判断是指在一项条件判断内部还包括另外一项条件判断，通过嵌套条件判断完成更为复杂的逻辑关系。

在 Scratch 中，可以通过"控制"类积木中的 [如果 那么] 或 [如果 那么 否则] 的组合完成嵌套条件判断。

在本次任务中，点击播放键就应用了两层条件判断。

第一层采用 [如果 那么 否则] 来分析是播放音乐，还是暂停音乐。

第二层连续应用了三个 [如果 那么] 来分析和判断应该播放哪种乐器。

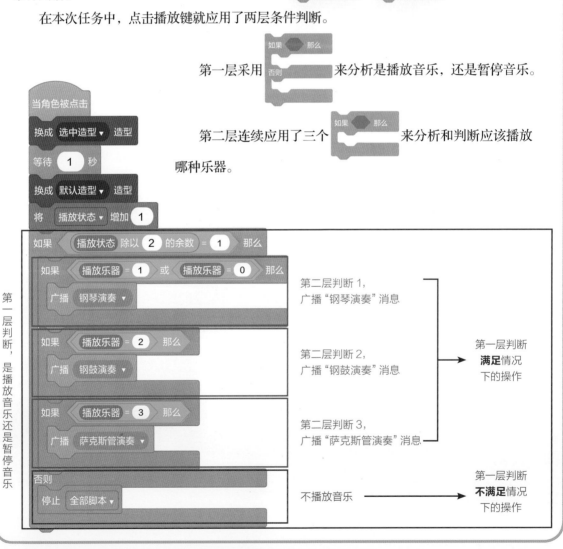

3 | 让保存成为习惯

最后，还是要叮嘱小朋友一定要养成保存程序的习惯。将编写好的程序保存到电脑中的专属文件夹，方便以后查找或者不断完善作品。

与此同时，恭喜你完成了这个小游戏，并在编程中应用了音乐知识哟。

小朋友，更要热烈祝贺你完成了本书的所有程序！为你的坚持精神点赞！

🖱 思维导图大盘点

让我们用思维导图整理一下，看看这个编程任务是怎么完成的吧。

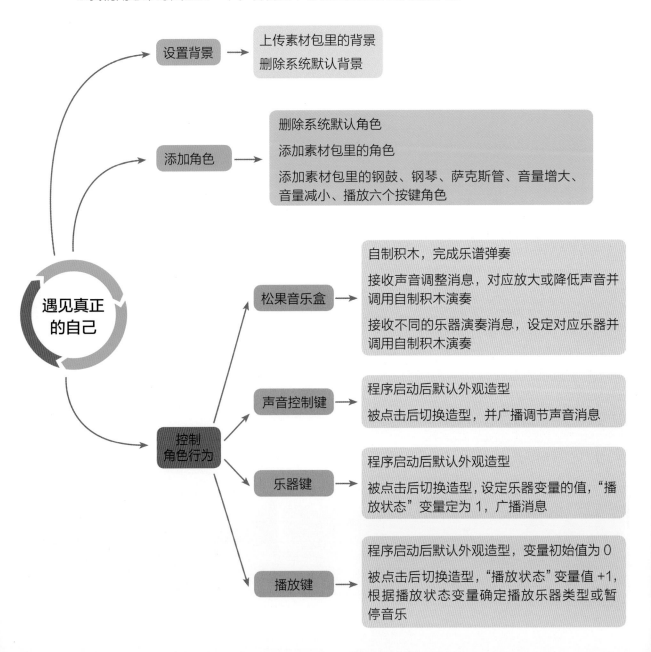

设置背景 → 上传素材包里的背景
删除系统默认背景

添加角色 → 删除系统默认角色
添加素材包里的角色
添加素材包里的钢鼓、钢琴、萨克斯管、音量增大、音量减小、播放六个按键角色

遇见真正的自己

松果音乐盒 → 自制积木，完成乐谱弹奏
接收声音调整消息，对应放大或降低声音并调用自制积木演奏
接收不同的乐器演奏消息，设定对应乐器并调用自制积木演奏

控制角色行为

声音控制键 → 程序启动后默认外观造型
被点击后切换造型，并广播调节声音消息

乐器键 → 程序启动后默认外观造型
被点击后切换造型，设定乐器变量的值，"播放状态"变量定为 1，广播消息

播放键 → 程序启动后默认外观造型，变量初始值为 0
被点击后切换造型，"播放状态"变量值 +1，根据播放状态变量确定播放乐器类型或暂停音乐

🏆 挑战新任务

　　小朋友，接下来请你利用 Scratch 的自带素材，开动脑筋创作另一个小游戏吧。

　　游戏的目标是：选择你最喜欢的一句歌曲，用适合的乐器演奏，并为其增加控制演奏节奏快慢的功能。你甚至可以做一个乐团哟。

　　怎样达成任务目标呢？结合前面所学的知识，想想看吧！

附录 1 安装 Scratch

小朋友，Scratch 是由美国麻省理工学院（MIT）专门为少儿设计开发的编程工具。有两种方法可以获得 Scratch 编程环境。

第一种方法是使用网页版。在浏览器输入网址 https://scratch.mit.edu/projects/editor/，进入网页后可直接编程。

第二种方法是安装客户端。在网页 https://scratch.mit.edu/download 下载 Scratch 电脑客户端，安装在自己的电脑中。

小朋友，咱们一起来详细了解如何利用第二种方法邀请 Scratch "住"进我们的电脑吧！

（1）进入下载页面后，点击 Direct download 。▽

（2）弹出"新建下载任务"对话框，点击"下载"按钮。▽

（3）稍等片刻，在桌面上看到这样的图标就是我们的安装文件啦！▷

Scratch
Desktop Setup
3.6.0

（4）双击 Scratch 安装文件，打开安装软件▷对话框，点击"安装"按钮。

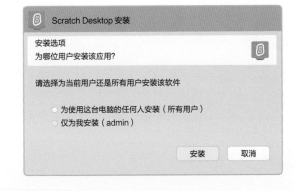

174

（5）Scratch进入安装状态，静静等待自动安装。▽

（6）弹出正在完成安装提示后，点击"完成"按钮。▽

（7）安装完成后，就进入 Scratch 编程环境啦！▽

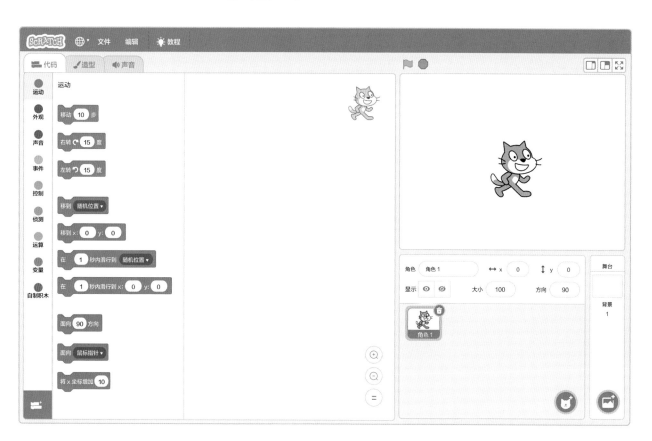

附录 2 Scratch 编程环境简介

Scratch 编程环境根据不同功能划分为六个区域。

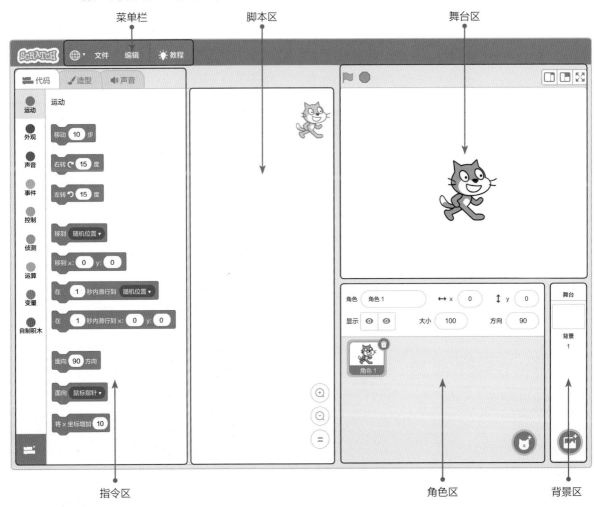

菜单栏　　　　脚本区　　　　舞台区

指令区　　　　角色区　　　背景区

【小贴士】

小朋友，本书的所有案例任务都是用 Scratch3.0 完成的。由于 Scratch 会迭代升级，它的界面会不断更新，图标会不断优化，功能也会不断完善。如果你发现自己用的 Scratch 和本书的不一致，那也没关系，因为变化的只是它的"皮肤"，不变的是它的内在逻辑。相信你一定可以找到所有案例任务的实现方法！

1. 指令区

指令区的上方有三个选项卡。当选中角色时，三个选项卡分别为"代码""造型"和"声音"；当选中背景时，三个选项卡分别为"代码""背景"和"声音"。

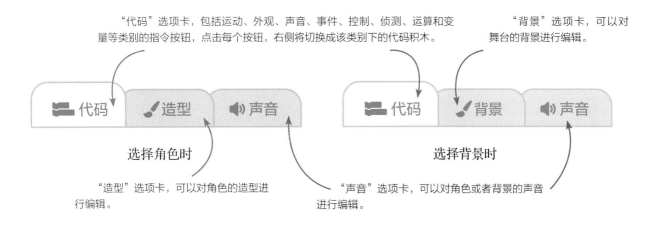

"代码"选项卡，包括运动、外观、声音、事件、控制、侦测、运算和变量等类别的指令按钮，点击每个按钮，右侧将切换成该类别下的代码积木。

"背景"选项卡，可以对舞台的背景进行编辑。

选择角色时

选择背景时

"造型"选项卡，可以对角色的造型进行编辑。

"声音"选项卡，可以对角色或者背景的声音进行编辑。

Scratch 还支持自制积木，小朋友可以根据需要自己创建完成指定功能的自制积木呢!

除此之外，Scratch 还提供了很多扩展功能，点击屏幕左下角的 ▤ 图标，你可以添加更多类别的指令。

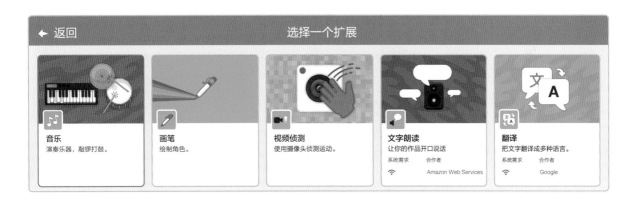

2. 脚本区

脚本区是我们编程的空间，可以在指令区点击并拖动需要的积木到脚本区。拼接在一起的积木能够完成动画、故事效果，或者形成有趣的游戏。

3. 舞台区

舞台区是程序最终运行的场所，所有编程的效果将在舞台区进行展现。舞台区有五个控制按钮。

点击▶按钮，程序启动，所有 被点击 后面的代码开始执行。

点击●按钮，程序停止，所有角色停止执行代码。

点击▢▢按钮，切换 Scratch 环境的布局形式。

点击▣按钮，舞台将最大化为全屏模式，这时再点击右上角▣按钮可以退出全屏模式。

4. 角色区

角色区包括角色列表和角色属性面板。点击🐱图标，可以通过不同方式添加角色。角色列表包含了程序所有的角色。点击角色列表中的某个角色，点击右键后可以复制、导出或删除该角色；同时切换到该角色的属性面板，其中包含角色名字、显示效果、位置、大小和方向等属性信息，可以对其进行手动修改。

5. 背景区

背景区实现对舞台背景的管理，Scratch 默认为"背景 1"的空白背景，点击 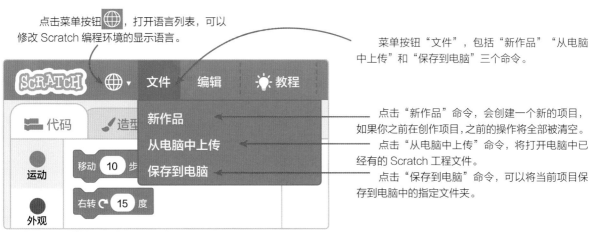 图标，可以通过不同方式添加背景。

6. 菜单栏

菜单栏主要包括四个菜单按钮。

点击菜单按钮 ⊕，打开语言列表，可以修改 Scratch 编程环境的显示语言。

菜单按钮"文件"，包括"新作品""从电脑中上传"和"保存到电脑"三个命令。

点击"新作品"命令，会创建一个新的项目，如果你之前在创作项目，之前的操作将全部被清空。

点击"从电脑中上传"命令，将打开电脑中已经有的 Scratch 工程文件。

点击"保存到电脑"命令，可以将当前项目保存到电脑中的指定文件夹。

菜单按钮"编辑"，包括"恢复"和"打开 / 关闭加速模式"两项。

其中"打开 / 关闭加速模式"是对加速状态的控制。当点击"打开加速模式"时，程序就相当于进入快进状态，执行速度会大大提高。在加速状态下，点击"关闭加速模式"，则结束快进状态。

菜单按钮"教程"，展示了 Scratch 为我们提供的丰富案例库。

附录 3 Scratch 常用积木简介

小朋友，你已经看到 Scratch 包括一系列形状、颜色、大小各异的积木，实在是让人眼花缭乱呀！下面我们一起来辨别一下这些积木吧。

仔细观察后可以发现，它们在外观形状上是有一些共同点的。按照外观形状上的共同点，积木大致可以分为以下四类：

堆叠积木：如 移动 10 步 ，可以和其他积木前后拼接组成更复杂的积木序列。

嵌套积木：如 重复执行 ，可以将其他积木嵌套进来，填到自己"肚子"里面。

参数积木：如 音量 ，为其他积木提供具体参数值。

事件积木：如 当 被点击 ，当 Scratch 发生了某件事情时，执行其后续积木序列。

此外，Scratch 能够完成强大、有趣的功能，也离不开"变量积木"以及其所提供的"扩展积木"这两大类积木。无论多复杂的 Scratch 程序，都是各类积木相互配合完成的。

接下来，我们就分门别类地看一下这六大类积木的功能和使用注意事项吧！

1. 堆叠积木

堆叠积木可以通过上下层叠完成命令，常见的堆叠积木包括：

（1）运动类积木

积木块	效果描述	使用方法	注意事项
移动 10 步	让角色移动一段距离	角色将从当前位置开始移动，移动距离等于你输入的数值	如果你输入的是负值（例如 -10），那么角色就会向反方向移动
左转 15 度 右转 15 度	让角色向左 / 右旋转	角色旋转的角度等于你所输入的数值	如果你输入负值，角色会向反方向旋转相应度数

积木块	效果描述	使用方法	注意事项
移到 随机位置▼ / ✓随机位置 / 鼠标指针	让角色移动到随机位置或鼠标指针所在位置	你可以自由选择角色所在位置是随机决定还是由你的鼠标指针位置决定	
移到 x: 0 y: 0	指定角色要显示的坐标位置	你可以分别在 x 和 y 后输入数字,让角色显示在对应的坐标位置上	当你在舞台上拖动角色时,积木上 x 和 y 后面的坐标值也会跟着改变
在 1 秒内滑行到 随机位置▼ / ✓随机位置 / 鼠标指针	让角色在指定时间内滑动到某一位置	输入滑动时间以调整滑动速度,选择滑动目的地以调整滑动方向	
在 1 秒内滑行到 x: 0 y: 0	让角色在指定时间内滑动到某一坐标	输入滑动时间以调整滑动速度,输入坐标值以调整滑动目的地	
面向 90 方向	设定当前角色的朝向	你可以直接输入数字以调整角色的面向方向	
面向 鼠标指针▼	让角色始终面向鼠标指针或是其他角色	可以从积木的下拉列表中选择面向的对象。列表会自动增加所有角色	可以让角色面向其他事物,进行互动
将 x 坐标增加 10	改变角色位置的 x 坐标值	角色 x 坐标增加的数量即等于你输入的数值	若是正值,则会让角色向右移动;若是负值,则会让角色向左移动
将 x 坐标设为 0	设置角色的 x 坐标值	角色的 x 坐标等于你输入的数值	Scratch 舞台中 x 轴长 480,其坐标的范围为 -240 至 240
将 y 坐标增加 10	改变角色位置的 y 坐标值	角色 y 坐标增加的数量即等于你输入的数值	若是正值,则会让角色向上移动;若是负值,则会让角色向下移动

积木块	效果描述	使用方法	注意事项
将 y 坐标设为：0	设定角色的 y 坐标	角色的 y 坐标即等于你输入的数值	Scratch 舞台中 y 轴长 360, 其坐标的范围为 −180 至 180
碰到边缘就反弹	如果碰到舞台边缘则返回	角色在碰到舞台的上部、下部、两侧而反弹时,会有回转运动	
将旋转方式设为 左右翻转▾　✓ 左右翻转　不可旋转　任意旋转	用来设定角色反弹时,角色造型的回转方式	若选【左右翻转】,角色在反弹时只会水平翻转; 若选择【不可旋转】,角色反弹时也始终维持一个面向; 若选【任意旋转】,角色在反弹时会加上垂直翻转	

（2）外观类积木

积木块	效果描述	使用方法	注意事项
说 你好! 2 秒	让角色说话, 内容会以对话泡泡的方式呈现,并在指定时间后隐藏	你可以输入任何想要说的内容及其显示的时间	对话泡泡会依据内容的字数自动调整外框大小。若内容较多, 请设定较长的显示时间
说 你好!	让角色说话, 内容会以对话泡泡的方式呈现	你可以输入任何想要说的内容, 这些文字将会显示在对话泡泡中	要在舞台上清除对话泡泡, 可以将说的内容设置为空白
思考 嗯…… 2 秒	用想象泡泡的图形来显示一些文字, 表达心中所想, 在指定时限后消除	你可以输入任何想要思考的内容及其显示的时间	想象泡泡会依据内容的字数自动调整外框大小。若内容较多, 请设定较长的显示时间

积木块	效果描述	使用方法	注意事项
思考 嗯……	用想象泡泡的图形来显示一些文字,表达心中所想	你可以输入任何文字。这些文字将会显示在对话泡泡中	要在画面上清除想象泡泡,可以将想象的内容设置为空白
换成 造型1▾ 造型	用来改变角色的造型	你可以在积木的下拉列表中选择要切换的造型名称	若要检查角色有哪些可以使用的造型,可以切换到造型页面查看
下一个造型	用来改变角色外观,会使用造型列表中的下一个造型	你可以在造型页面中重新排列下列表中造型的顺序	到达最后一个造型后,就会回到第一个造型
换成 背景1▾ 背景 ✓背景1 下一个背景 上一个背景 随机背景	用来改变舞台的背景	你可以在积木的下拉列表中选择要切换的背景名称	若要检查有哪些可以使用的背景,可以切换到背景页面查看
下一个背景	用来改变舞台的背景,会使用背景列表中的下一个背景	你可以在背景页面中重新排列下列表中背景的顺序	到达最后一个背景后,就会回到第一个背景
将大小增加 10	用来改变角色的显示尺寸	角色大小的增减数值即为输入的数值	输入正值则放大角色,负值则缩小角色
将大小设为 100	将角色的大小设置为原来大小的百分比	输入数值后面有 %,即为百分比形式	角色的显示尺寸是有限制的

积木块	效果描述	使用方法	注意事项
将 颜色▼ 特效增加 25 ✓颜色 鱼眼 漩涡 像素化 马赛克 亮度 虚像	为角色加上一些图形特效，并增加指定的强度值	从下拉列表中选择要使用的图形效果，然后输入数值控制特效强度的增减	输入为正值则增强特效，负值则减弱特效
将 颜色▼ 特效设定为 25 ✓颜色 鱼眼 漩涡 像素化 马赛克 亮度 虚像	将一个角色的图形效果设置成一个指定的数字	从下拉菜单中选择要使用的图形效果	可输入 -100 到 100 之间的数字（有些效果的强度值范围是 0 至 100）
清除图形特效	清除一个角色上的所有图形特效		
显示	让角色显示在舞台上		
隐藏	让角色在舞台上消失		注意：当角色隐藏时，其他的角色将无法通过"碰到"积木探测到它
移动最 前面▼ ✓前面 后面	将指定角色图层显示在其他所有图层之前或之后	选择前面或后面	

184

（3）声音类积木

积木块	效果描述	使用方法	注意事项
播放声音 喵 ▾ 等待播完	播放指定的声音直到结束	从积木的下拉列表中选择要播放的声音。要添加其他声音,应先切换到声音页面	等到声音播放完毕后,才会继续到下一个积木
播放声音 喵 ▾	播放指定的声音	从积木的下拉列表中选择要播放的声音	开始播放声音,然后立刻继续到下一个积木
将音量增加 -10	改变声音的音量	直接输入的数值即为音量的增加量,负值为减少量	音量的范围值是 0 到 100,100 是预设的音量值。你可以为不同的角色分别设定声音音量。若要在同一时间内播放两个不同的声音或音量,则要建立第二个角色

（4）事件类积木

积木块	效果描述	使用方法	注意事项
广播 消息1 ▾	传送消息给其他角色及背景	在下拉列表中选择广播内容	将会发送消息给其他角色及背景,告诉它们在某个时机开始执行操作。其他角色及背景使用 当接收到 消息1 ▾ 来接收消息
广播 消息1 ▾ 并等待	发送消息给其他角色及背景并等待	积木的下拉列表中可以建立"新消息",你也可以在列表中挑选使用之前建立的消息	发送消息,接收到消息的角色和背景就会开始做各自的事情,等它们做完后,程序本体才会继续执行后段程序

（5）控制类积木

积木块	效果描述	使用方法	注意事项
等待 1 秒	等待指定的时间，然后再执行下面的指令	输入的数值即为角色等待的时间	必须输入非负数
等待	等待条件成立时，再执行下面的积木	阴影框应加入参数积木	
停止 全部脚本 ▾ / ✓ 全部脚本 / 这个脚本 / 该角色的其他脚本	停止某个指定的程序	可以从积木的下拉列表中选择停止全部程序、当前角色的程序或其他角色的程序	停止"全部脚本"相当于使用舞台区上方的红色停止图标
克隆 自己 ▾	用来建立指定角色的分身	可从下拉列表中选择角色，当积木运行时就会建立分身。用积木告诉分身被建立时，要执行什么指令	如果你无法看到克隆体，通常是因为原来的角色盖住了它。因为克隆体最初的位置和角色是完全一样的。在舞台上拖动一下角色，就可以发现克隆体了 注意：克隆只会在项目运行时存在

（6）侦测类积木

积木块	效果描述	使用方法	注意事项
询问 What's your name? 并等待	问一个问题，并显示在舞台上，使用者在输入答案后，会把答案存在 回答 里	获得一个答案后，程序会等待直到按下回车键或点击复选标记	问题会用对话框的方式出现在画面上，并会自动侦测使用者是否输入内容，直到他们按下"Enter"键或是勾取方块后才会关闭对话视窗

2. 嵌套积木

嵌套积木内部可以包裹脚本，它们之间还能相互嵌套。常见的嵌套积木包括：

积木块	效果描述	使用方法	注意事项
重复执行 10 次	重复运行其中的积木若干次	可根据程序需要输入重复执行的次数	
重复执行	一遍接一遍地执行其中的积木		
如果 那么	如果条件成立，就运行其中的积木	积木上"如果"后面要加入一块参数积木	
如果 那么 否则	如果条件成立，就运行嵌入"那么"下面的积木；否则，就运行嵌入"否则"下面的积木	积木上"如果"后面要加入一块参数积木	

3. 参数积木

参数积木无法独立使用，必须放入其他积木的空位内。空位的形状包括以下两种： 可嵌入包括整数、浮点数的圆角矩形参数及六边形的布尔参数在内的所有参数积木； 只能嵌入六边形的布尔参数。常见的参数积木包括：

（1）侦测类积木

积木块	效果描述	使用方法	注意事项
碰到 鼠标指针 ？ 鼠标指针 舞台边缘	角色是否碰到了指定的事物，如果是，就回传"true"	依据需求选取"鼠标指针"或"舞台边缘"，也可以选取其他角色	

积木块	效果描述	使用方法	注意事项
碰到颜色 ? 颜色 42 饱和度 86 亮度 88	角色是否碰到了指定颜色,如果是,就回传"true"	可以通过设置颜色、饱和度、亮度来确定颜色;或者点击拾色器,然后移动鼠标到舞台上任意位置取色	
回答	获取最近使用的键盘输入值		询问 What's your name? 并等待 用来向使用者提问,并把键盘输入的答案存放在 回答 里。答案可供所有角色使用
2000 年至今的天数	回传从 2000 年开始算起,与目前日期相隔的天数		
用户名	回传浏览者的用户名称(该用户需要登录)		这个积木会显示正在观看项目的用户名称;如果要记住这个用户名称,你可以用一个变量或列表来存放它

（2）运算类积木

积木块	效果描述	使用方法	注意事项
+ − * /	回传两数相加/减/乘/除的结果	直接输入相加数/相减数/相乘数/相除数	

积木块	效果描述	使用方法	注意事项
在 1 和 10 之间取随机数	从指定的范围内随机挑选其中一个数值	输入的数值为限定范围的两端	
> 50 < 50 = 50	第一个数值是否大于/小于/等于第二个数值,如果是,就回传"true"	依据需要在两个空格中加入参数积木或数值,完成比较	
与	二者是否都符合条件,如果是,就回传"true"	依据需要在两个空格中加入参数积木	
或	二者之间是否有一个符合条件,如果是,就回传"true"	依据需要在两个空格中加入参数积木	
连接 apple 和 banana	组合指定的两个字符串	依据需要在两个空格中输入字符串	可用于字符串的组合,形成一段更长的字符串
除以 的余数	回传两数相除之后的余数	依据需要在两个空格中输入参数积木或数值	

4. 事件积木

事件积木作为脚本的启动积木,永远位于脚本的最上方,而且它们的名称很统一,都是"当……"。事件积木就是告诉 Scratch 当发生了某件事情时,执行下方脚本。常见的事件积木包括:

积木块	效果描述	使用方法	注意事项
当 ▶ 被点击	当▶按钮被点击时开始执行下面的程序		
当按下 空格 ▼ 键	当指定键盘按键被按下时开始运行下面的程序	可以直接在下拉列表中选择按键	下拉列表中包括键盘上所有按键
当角色被点击	在点击角色时运行下面的脚本		
当接收到 消息1 ▼	当角色接收到指定的广播消息时开始执行下面的程序	可以直接在下拉列表中选择消息内容或新建消息	

189

5. 变量积木

在需要时，可在 Scratch 中新建变量或列表。新建后会生成新的积木块，包括堆叠积木和参数积木等，这些积木块与之前所提到的积木块功能类似。在这里以默认变量"我的变量"为例，介绍常见的变量积木。

积木块	效果描述	使用方法	注意事项
○ 我的变量	回传变量当前值	要显示变量当前的值，可以勾选积木旁的方块	在舞台显示结果上右击，可以切换不同的显示方式
将 我的变量▾ 设为 0	将变量设定为指定值	输入的数值即为变量的指定值	如果变量数大于1，可以在下拉列表中选择其中一个
将 我的变量▾ 增加 1	改变当前变量的值	输入的数值即为变量的增加量	如果变量数大于1，可以在下拉列表中选择其中一个

6. 扩展积木

Scratch 提供了多类扩展积木，能够实现更多功能，大大增强了和现实的互动。在这里以"音乐"类积木和"画笔"类积木为例，介绍常见的扩展积木。

（1）"音乐"类积木

积木块	效果描述	使用方法	注意事项
击打 (1)小军鼓▾ 0.25 拍 ✔(1)小军鼓 (2)低音鼓 (3)敲鼓边 (4)碎音钹 (5)开击踩镲 (6)闭击踩镲 (7)铃鼓 (8)手掌 (9)音棒 (10)木鱼	操作一种乐器，并打出指定节拍	从下拉列表中挑选出合适的乐器（音色），然后设置节拍数	

积木块	效果描述	使用方法	注意事项
休止 0.25 拍	相当于休止符,可以设定休止的拍数	输入的数值即为休止拍数	
将乐器设为 (1) 钢琴 ✓(1) 钢琴 (2) 电钢琴 (3) 风琴 (4) 吉他 (5) 电吉他 (6) 贝斯 (7) 拨弦 (8) 大提琴 (9) 长号 (10) 单簧管	设定演奏音符积木弹奏的乐器类型	不同的角色上可以分别设定乐器,你可以从积木的下拉列表中选择要使用的乐器	

（2）"画笔"类积木

积木块	效果描述	使用方法	注意事项
全部擦除	用来清除目前舞台画面上所有的笔迹		笔迹不是背景的一部分,因此,清除笔迹时并不会消除当前背景
图章	把角色当成印章,然后在舞台背景上盖章		
落笔	把角色当作笔,加上此积木,角色移动时就会在背景上留下笔迹		凡走过必留下痕迹
抬笔	若已使用"落笔"积木,加上此积木,角色移动时就不会再留下笔迹		走过也不会留下痕迹

积木块	效果描述	使用方法	注意事项
将笔的颜色设为	设置画笔的颜色	点击一下颜色方块后会开启颜色设置选项, 你可以自己设定颜色值; 也可以使用拾色器, 移动鼠标到舞台上任意位置取色	
将笔的 颜色▼ 增加 10 ✓颜色 饱和度 亮度 透明度	用来改变画笔笔迹的颜色/饱和度/亮度/透明度	选择效果选项, 改变相应强度	颜色值范围为 0～100, 包含整个色相环的颜色 颜色的饱和度范围为 0～100, 更高的数字使颜色更接近于本身的色彩 亮度值范围为 0～100, 其中 50 为预设值 颜色的透明度范围为 0～100。更高的数字使颜色更透明, 而较低的数字则使它不那么透明
将笔的 颜色▼ 设为 50 ✓颜色 饱和度 亮度 透明度	设定画笔笔迹的颜色/饱和度/亮度/透明度	选择效果选项, 设置相应强度	
将笔的粗细增加 1	用来改变画笔笔迹的粗细	输入的数值即为粗细的增加量	
将笔的粗细设为 1	设定画笔笔迹的粗细	输入的数值即为笔的粗细	